当代城市广场规划与道路景观设计研究

蒋婧雯 杨 震 著

U0207729

吉林出版集团股份有限公司
全国百佳图书出版单位

图书在版编目（CIP）数据

当代城市广场规划与道路景观设计研究 / 蒋婧雯，
杨震著. -- 长春：吉林出版集团股份有限公司，2022.7
ISBN 978-7-5731-1787-8

Ⅰ. ①当… Ⅱ. ①蒋… ②杨… Ⅲ. ①广场—城市规
划—研究②城市道路—景观设计—研究 Ⅳ. ①TU984.18
②TU984.11

中国版本图书馆CIP数据核字(2022)第139331号

当代城市广场规划与道路景观设计研究
DANGDAI CHENGSHI GUANGCHANG GUIHUA YU DAOLU JINGGUAN SHEJI YANJIU

著　　者	蒋婧雯 杨　震
出 版 人	吴　强
责任编辑	尤　蕾
助理编辑	杨　帆
装帧设计	谭婷内
开　　本	787mm×1092 mm　1/16
印　　张	12.25
字　　数	268千字
版　　次	2022年7月第1版
印　　次	2022年7月第1次印刷
出　　版	吉林出版集团股份有限公司
发　　行	吉林音像出版社有限责任公司

（吉林省长春市南关区福祉大路5788号）

电　　话	0431-81629667
印　　刷	三河市嵩川印刷有限公司

ISBN 978-7-5731-1787-8　　定　　价　58.00元

前　　言

自古以来,城市道路就是城市公共空间的重要有机组成部分。世界各地的名城在不同历史文化背景下形成形态各异的街道及其环境,具有强烈的吸引力和亲和力。其中,著名的街道往往还会成为区域性的文化符号。城市道路是现代化城市必备的重要基础设施,它既是交通运输的通道,又是人们户外生活的重要场所;既是城市活力的所在,又以是城市的"骨架"和"血管",还是人们对城市印象的首要因素。

随着人们的生活水平不断提高,科技和交通飞速发展,对城市广场、道路景观的要求也日渐增加,无论是广场,还是道路景观,都在一定层次上反映了所在城市的生产力、发展水平、市民的审美意识、生活习俗、精神面貌、文化修养和道德水准等。

本文通过九部分内容结合古今中外的诸多实例来翔实阐述当代城市广场规划与道路景观设计。第一部分主要介绍广场与街道的起源、定义与类型;第二部分通过研究中西方城市广场历史的角度对城市广场的未来发展进行一定分析;第三部分介绍了城市道路景观的历史变迁;第四、第五部分集合当代城市道路和道路景观进行详细分析;第六部分介绍城市道路景观规划设计;第七部分是城市广场设计课题要素方面的介绍,包括色彩、植物、水体、铺装、小品等;第八部分介绍城市广场与步行街景观设计。

本书翔实准确地介绍了城市广场、道路、景观、街道的历史和变迁、发展与趋势,以及设计的原理和原则,从各个角度对广场和景观设计进行颇为详尽的介绍,使接触不深的相关专业人员对该领域有一个详细的了解,激发此专业的资深专家在某些方面的研究创作灵感,可谓浓淡相宜,适合各类人群阅读和研习。

本书在撰写过程中查阅和借鉴了许多书籍以及文献,在此对学者、专家们表示衷心的感谢。本人尽自己最大能力完成此书,然而仁者见仁、智者见智,希望各位予以指正,以期不断改善并修订。

作者
2021 年 10 月

目　　录

第一章　绪　论

　　目前，大多数城市拥有适合自身发展的设计规划以及景观的设计理念理论。城市的基础设施如街道广场等都是为了匹配城市需求而设计形成的，不过目前，最初部分城市广场的道路设计是在伴随着人类社会进步发展进程中逐步演化的产物，从人类文明的萌芽阶段就拥有了最初的规划发展理念。从现有的古代文物来看，城市的发展正是在这些原始文明中不断发展积累所演化而成的。

　　在现代社会，随着科技和文化的发展，人们的精神世界也有了很大提高，道路和城市日益发展，繁荣城市和广阔的大广场相配，广场、道路和城市生活相得益彰。然而事实上，自古以来，城市广场就是随着人类发展而产生的，很多史料记载都可查询到城市广场要比城市出现的早。

第一节　广场与街道的起源

　　人类是有组织性、群体性、社会性的物种，产生了对独自空间、公共空间环境规划的需求，这促使了公共空间以及独立空间的产生与形成。人类之所以如此聪明，和我们群体性有很大关系。在原始社会时期，人类面对残酷的自然环境能够依靠聪明的大脑，共同抵御严寒建造房屋，如在不能建造房屋时，聪明的人类也会寻找共同的活动地区，例如，干燥开阔的草地上或者寻找天然洞穴，创造更舒适的生活条件。在石器时代，聪明的人类已经开始区分动物，能够组织集体活动并根据男女等特点分配工作，给男性安排日常狩猎，给女性安排采集，并且能够合理安排劳动所得。这时，人类已经开始有了群体活动的组织能力，可以种族迁徙，共同进攻讨伐等。还有的原始部落已经有了初步的宗教信仰，能与其他部落进行交流，学习其他部落的先进成果并总结经验等。这也就成为城市最初拥有的意义。

鲁迅说："世上本没有路，走的人多了，也便成了路。"道路就在这种日复一日的行走中产生了。相比其他动物，人类有更明显的行动和目的性，能思考解决办法，吸取经验和教训。相比其他动物，人类更容易成功，这是因为他们拥有解决问题的能力，并且由于人类善于学习交流的特性，人类的进步才能如此之快。但是，由于生存环境不同，树林中的资源往往较为丰富，而由于路途难走，人类往往在采集捕猎等获取资源的活动中会主动选取较为便捷、好走的道路，如果是必经之路，往往会处理道路上的障碍。在此之后，人类每天的采集都会重复相同的道路，也就形成了草地，植物的枯萎使道路变得更加坚韧。这就是人类社会最开始的道路新城，拥有了较强的目的性。这样的道路方便日常采集，获取资源行动更加便利，行走时也不用担心有障碍物，更不用担心迷路，而这些独特的轨迹并不会暴露给动物，不会影响其日常狩猎。人类的科技发展目的性往往是方便人类的日常生活，解放双手，让我们拥有更多的休闲时间去享受生活，增强情感交流，也可以不断学习，为下一次的进步打下基础。这就是道路最初的意义与作用。聪明的人类会在道路的四周设计简单便利的服务设施，或者是与其他部落相互连通，这就是最开始的信息交流的纽带。随着时间的推移，道路也在不断进步，形成了当今社会道路的模式。

纵观我国古老的崖画地区，最早的当属云南沧源，根据史料记载，至今已经有三千多年的历史，在出土的文物中，我们能很容易发现上面记录了早期人们起居生活分布情况，中间非常明显是聚居地，同时周围也有广场，并伴随着大的建筑物，在广场周围有小孩子在玩耍。从这些文物中也可以看出人们日出而作、日落而息都沿着一定路线，这些路线就是道路，这也证明了广场和道路在很早以前就真实地存在于人们的生活之中（如图1-1所示）。

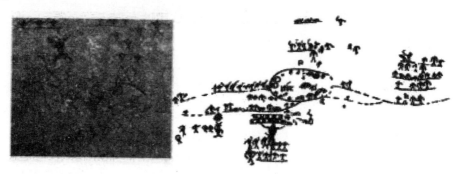

图1-1　沧源崖画《村落图》

新石器中期的陕西临潼姜寨遗址形象地展示出城市形成以前人类聚落的面貌。它占地5.5公顷，一条2米宽的防护壕沟将其严密保护起来并形成圆形空间特征，东北有道路开口与外界相连接。村落内部由5组主体建筑组成5个相对独立的建筑群体，小房屋围绕主体建筑布置，在每一个建筑群体中形成一个小型广场，以承担家族集体活动功能。这5组建筑群体沿壕沟呈圆环布置，在聚落中心产生了约占整个聚落1/3面积的中心广场，是整个氏族部落集体活动的场所，原始人类在这里举行氏族聚会、节日庆典、出征凯旋、物资分配、供奉祭祀等集体公共活动。姜寨遗址直接而形象地告诉我们，广场和道路的产生是与人类活动密不可分的，其内在原因与人类社会群体习性需要的公共环境完全一致（如图1-2所示）。

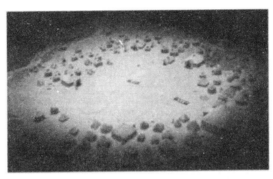

图1-2 陕西临潼姜寨遗址复原模型

距西班牙首都马德里160公里的安布罗那山谷在30万年前远古时期覆盖着沼泽和湿地，是原始人类活动的密集地区。狩猎大象时，人们用火和高声叫喊驱赶大象进入沼泽，庞然大物深陷泥淖丝毫不能动弹，乖乖成为人们的美餐。考古学家豪埃尔在这里发掘了四根串联排列的大象腿骨化石，他对当时人们为什么要把大象腿骨摆成这样的图形感到非常迷惑，最后他下了这样的结论：肢解的象肉一定得搬出沼泽，搬运者要不断将双脚从沼泽里拔出，他们本能地意识到在这里行走非常艰难，为了搬运和行走，搬运者将宽而长的大象腿骨串联起来并摆放在沼泽里，这样踩在象腿骨上行走和搬运就轻松多了（如图1-3所示）。

图1-3 西班牙安布罗那山谷大象腿骨摆放的形状

第二节 广场与街道的定义

一、城市广场的定义

城市广场的起源要早于城市本身，随着时间的推移，以及科技的进步，从最初的简陋空间变成了追求精美舒适、赏心悦目，甚至有时候更加追求完美的配套服务设施。最初广场本身是一个非常具体且具有目的性的应用设施，有明确的环境形态以及应用范围，可以作为人们茶余饭后相互交流、群众集会庆祝节日的场所，并且有的广场具有纪念意义，有很多广场会塑造雕像纪念碑等。休闲的广场可以追溯到古罗马时代，在现代，我们的广场拥有了更多的活动内容，配套了符合人类需求的基础设施。与之前相比，可以说，广场的发展是一直追随着时代进步的，具有与时俱进的特点，其慢慢地成为当今城市必须拥有的配套设施，在人们的生活中起到了重要作用。

在人类的生活中，城市广场是刚需的场所。可以说，现代城市广场在我们生活中是相伴相生的，但是在原始时代以及近现代人类在生活面临难题的情况下，城市广场的重要性就显得不那么重要了，不论建筑有多么精美，配套设施有多么全面，都变得毫无意义。在历史长河中，这样的例子非常多。为了在视觉效果上给主体建筑和塑像提供适当的观赏距离，也为下葬时规模庞大的聚集人群提供临时活动需要，古埃及的法老陵墓往往配有规模相当的类似广场的广阔空间（如图1-4所示），但它们仅仅作为庙宇的附属空间存在，徒有壮观的外貌，毫无城市广场的功能。东方国家和西方国家有着诸多不同之处，这是国家高层对城市观念不同而形成的，真正的城市广场是已经进入到现代社会以后才形成的。日本作为东方发达国家的代表，针对现代城市广场就有"日本没有真正广场"的说法。

按照城市规划理论的普遍看法，城市广场是以古希腊为代表的地中海文明的产物，是欧洲城市自古希腊以来持续不断发展城市文化的现象。具有词源意义、最早描述"广场"的词语可追溯到古希腊词语"platia"，这是欧洲"城市广场"一词的源头，如拉丁语的"platea"、法语和英语的"place"、德语的"platz"、意大利语的"piazza"、西班牙语的"plaza"，它们都是在古希腊词的基础上发展而来。早在公元前8世纪，古希腊就出现了广场，如雅典卫城脚下的雅典集市"Agora"，这个词表示"集中"的意思，并没有直接使用"platia"这一场地概念的词汇，它既表示人群的集中，也表示人群集中的地方，后来这个词就被普遍用于表示古希腊的集市广场（如图1-5所示）。

图1-4　阿蒙霍特普三世神庙入口广场底比斯埃及

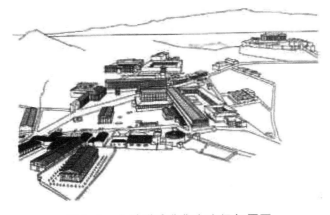

图1-5　古希腊雅典集市广场复原图

　　基于城市广场的空间特性和人类活动的特点，它的基本解释应该是：城市广场是由边界限定了内外的明确的三维空间，地面被赋予建筑学意义，是城市公共空间的组成部分，它在所有时候对所有人开放，常常是历史重要事件给城市留下痕迹的地方，是保留集体记忆的场所，被纳入城市道路系统，是城市网络的静态节点，具有步行功能的特征。

　　针对它的定义，近百年来，许多学者从各种学术观点出发进行了大量的论证和阐述，主要的观点或表述如下：

　　A. 卡米诺·西特（CamilloSitte）认为，城市广场应该是沿袭古希腊、古罗马、中世纪以来的城市公共空间特性，以完善、协调、统一的建筑立面围合，内部封闭而自成空间，尺度合理，便于人们步行活动。与西特观点相近的学者有很多，对城市设计的影响很大，特别是当代城市设计理论研究者很注重其关于艺术化城市设计的观点。

　　汉斯·乔吉姆·阿明德（Hans Joachim Aminde）给出了城市广场非常细致的定义，即城市广场是由边界限定了内外的明确的三维空间，其基面和边围都被赋予了建筑学的定义，它是城市公共空间的组成部分，在所有时候对所有人开放，并向天空敞开，是历史留下痕迹的地方，作为一种集体记忆的场所，它被容纳进城市道路系统，作为城市网络的节点具有静态稳定的特征，成功的广场应该有超量的步行功能特征。

凯文·林奇（Kevin Lynch）认为，城市广场是高度城市化区域的核心部位，被有意识地作为活动焦点，经过铺装，被高密度的建筑物围合，有街道环绕或联通城市公共的开放空间，具有吸引人群和便于聚会的要素。

B. 克莱尔·库伯·马库斯（Clare Cooper Marcus）和卡罗琳·弗朗西斯（Carolyn Francis）认为，广场是一个主要以硬质铺装并且汽车不得进入的户外公共空间。与人行道不同的是，它具有自我领域的空间，而不是用于路过的空间；可以有绿化，但占主导地位的是硬质地面，如果草地或绿化区域的面积超过硬质地面，我们将这样的空间称为公园，而不是广场。

C. 芦原义信与卡米诺·西特的观点不谋而合，他认为，城市广场是城市中各类建筑围合而成的城市空间，名副其实的广场应该具备如下四个条件：

（1）广场的边界清晰，能够形成图形，边界最好是建筑物，而不是墙壁。

（2）具有良好的封闭空间的"阴角"，容易形成图形。

（3）铺装面直到边界，领域明确。

（4）周围的建筑具有协调的统一风格，D（宽）H（高）比例良好。

综合以上的研究成果和理论观点，城市广场的基本定义在考虑其空间特性的建筑学意义和使用者的社会学意义以及当代城市特性后，可以这样描述：

城市广场融合了人们的各项生活需求，既包括物质方面，也包括精神方面。在物质方面包括商业建筑、休闲娱乐、道路绿化、城市文化、历史内涵等，可以说是满足了人们各种生活需求，一个标志性的广场代表了城市的核心（如图1-6、图1-7所示）。

图1-6　早期的罗马圣彼得广场（版画）

图 1-7 （中国·重庆）

二、城市街道的定义

"城市街道"一词最开始是由现代中文汉字与英语单词组合的词汇。这与广场有着本质的不同，它不是对欧洲文字的简单直译。传统城市的街道名称很好地说明了它在近代就已经有了应用，如《太平御览》等英语中表示道路、街道的词汇有"Street""Road"和"Avenue"。"Street"直译为街、街道，主要是指村落或都市中两边有房屋的街道或马路。"Road"直译为路、道路，常指城市或乡村之间可供车辆或行人通过的宽阔而又平坦的大路，这种路两旁有无房屋皆可。"Avenue"直译为通道、大街、林荫路，在英国是指通往乡村住宅，两旁栽树的小路；在美国主要是指宽阔而繁华的林荫大街，两旁有着华丽的住宅或林立的建筑物。

在加拿大，Street 多在老城区，Road 和 Avenue 多在后来扩展的地区，比如 Torontodowntown 以外的城区，road 是南北向，avenue 是东西向。街道及其两边的人行道在一个城市的主要公共空间发挥的作用非常重要。当你想象一个城市的时候，什么会首先映入脑海？是街道。在我们的现代生活中，每一个建筑地在我们脑海里都会有与其相应的街道相伴相生。如果某一个著名建筑没有了道路的陪伴，就会显得非常荒凉且孤独，例如，我国的圆明园在外国侵略者的无情掠夺下被烧毁了道路从而显得非常荒凉。道路是城市不可或缺的，是城市相通的血脉，就像人类身体中的一粒粒细胞在血脉中生长，培育完成各自的使命。也可以这么说，缺少了街道的城市就像是少了根茎的植物而丧失了活力。

城市街道是为了满足通行、购物、观光、休闲及其他城市活动，两边主要以建筑界定，由多种软、硬质铺装景观和设施构成（如图 1-8、1-9 所示）。

图1-8　香榭丽舍大街（巴黎·法国）

图1-9　王府井大街（中国·北京）

第三节　广场与街道的类型

一、广场的类型

在我们的城市中有很多广场的类型，应用情况有着很大不同，在我们传统的设计理论中有着非常多的方法去分类。可以根据广场的形状分为封闭广场、圆形广场、半圆形广场等；我国著名学者蔡杰将城市广场分为伸展式广场、集中式广场、环形广场、组合广场、碎形广场等。我国的《城市道路设计规范》中简单地将城市广场分为公共活动广场、集散广场、交通广场、纪念性广场、商业广场五类，这是按使用功能对城市广场进行分类的方法。现代城市广场越来越趋于向综合性方向发展，这样，分类的准确性就更加难以把握。

考虑到人在城市广场中的重要地位以及人们活动的类型化特征，把城市广场分为仪式性广场、交通性广场、商业性广场、休闲性广场、复合性广场。

（一）仪式性广场

仪式性广场可分为市政广场和纪念广场。

市政广场的出现是市民参与市政和管理城市的一种象征。它一般位于城市的行政中心，与繁华的商业街区有一定距离。这样可以避开商业广告、招牌以及嘈杂人群的干扰，有利于广场气氛的形成。由于市政广场的主要作用是供大型团体活动，因此多以硬地铺装为主，适当点缀绿化景观与艺术小品（如图1-10所示）。

图1-10 市政广场（意大利）

纪念广场往往拥有独特的历史意义，使用价值也与其他广场不同。纪念广场主要是为了记录纪念英雄事迹，以人们学习品格，铭记功勋为目的。纪念广场一般处于城市的中央纪念广场，虽然缺少了休闲娱乐的功能，但是发挥了主题功能，具有警示世人、教育世人的积极意义。

例如我国的白求恩纪念广场。广场中央树立白求恩雕像，让世人牢记白求恩为我国医疗事业做出的贡献。当人们走入白求恩纪念广场时，就可以看到用汉白玉雕刻的白求恩雕像，其身穿八路军军装栩栩如生，其背面刻有我国领导人的题词，具有深刻的教育意义。在国外同样有这样的纪念性广场。例如，华裔建筑师林璎设计的越战纪念广场，它位于国会大厦广场前（如图1-11所示）。

图 1-11　越战纪念广场（美国）

（二）交通性广场

交通性广场是城市交通的重要组成元素，是连接各种交通方式的集散地，有着很强的纽带作用，良好的交通性广场的建立可以有效缓解交通带来的各种状况。

交通广场有两类：一类是城市多种旅客交通会合转换处的广场，如火车站、汽车站、码头等旅客聚集的站前广场；另一类是城市多条交通干道交会形成的环岛广场。

提到交通广场，我们首先想到的就是每个城市的标志性建筑——站前广场，大多数站前广场的形象大气恢宏。城市广场是一个城市的门面，外来人员来到一个城市的第一印象就是站前广场，归家人的第一站也是站前广场。站前广场在一座城市中有着十分重要的地位，其建造目的是给过往旅客留下深刻印象（如图 1-12 所示）。

图 1-12　天津站站前广场

环岛广场的主要功能是为了疏通道路交通。由于其特殊的功能形式，对于城市的建设尤为重要，在环岛设计工作中常常添加各种技术服务设施和标志性的建筑，从而丰富其视觉体验（如图 1-13 所示）。

图1-13 抗争广场普莱西斯——（法国）

（三）商业性广场

在我国诸多广场类型中，商业模式广场最为普遍，其主要目的是方便人们的生活采购、拉动经济的发展，大多数商业广场位于城市商业集中的地区，同时是使我们日常生活便捷的必要基础设施，其主要服务城镇内的居民交易采购，同时有活跃周边居民热情的作用。每一个商业广场都会根据周边的地理环境建筑进行合理搭配，如果当地缺少部分基础设施，就可以完全由商业广场进行内部建设，这样有利于商业广场的引流，在丰富商业广场功能的同时会增加客流量，从而使其更符合商业广场的经营模式，带动商业广场的经济发展。

（四）休闲性广场

休闲广场的主要功能是为了给城市居民提供休闲娱乐的公共设施，显而易见，它的功能是为了在快节奏的城市生活当中，为群众提供一种放松且无所拘束的娱乐环境。就广场类型而言，休闲广场是娱乐性最强的广场。休闲广场所处的地理位置通常与人口密度息息相关。其配套服务设施更倾向群众的审美，使群众达到放松心情、舒缓心态、缓解劳累的目的。

同时由于其作用的特殊性，休闲广场规划设计较为多样，不需要具有标志物的景观，主要以人为本，方便人们休闲娱乐。广场的整体规划甚至建筑的覆盖面积大小都没有固定要求，主要宗旨是以人为本。

（五）复合性广场

其实，现代城市大多数广场是功能复合的综合性广场，根据需要把多种类型的活动在同一个城市开放空间中展开，有时在同一时间进行不同种类的活动，有时又在不同时间开展大型活动，如巴黎协和广场平时承担了塞纳河左右岸和城市东西间最重要的交通分流任务，是一个典型的交通广场。因为它处在巴黎最重要的历史纪念轴线的中心，大量游客在这里汇集，游览这个发生过太多历史故事的伟大广场，还要仔细欣赏广场上著名的方尖碑和雕像，甚至有来自世界各地的新人在这里拍摄婚纱照片。但每当法国发生重要事件时，它又摇身变成巨大的仪式性广场，如1998年法国获得足球世界杯冠军后的举国庆典、每届获选总统盛大庆祝聚会、法国国庆日的阅兵，让这个平日里交通繁忙、游客匆匆的复杂广场变成国家的象征、世界的焦点（如图1-14所示）。

图1-14　从协和广场到香榭丽谢的狂欢
（1998年法国获得足球世界杯冠军后的欢庆场面）（法国·巴黎）

作为城市公共生活的"大客厅"，今天的城市广场应该具有足够的艺术魅力和多功能的行为支撑，吸引尽量多的活动参与者，使珍贵的城市公共开放空间发挥更大作用。

二、街道的类型

我国出台的《城市道路设计规范》对我国道路做出相应分类，城市内部道路的类型主要分为快速路、主干路以及支路等城市道路；又根据城市的大小，分为大型城市道路标准、中型城市道路标准以及小型城市道路标准。这些分类都是根据城市人口密度、车流量大小对城镇道路的需求而进行的。虽然这样的规划不浪费，但是同样也有缺点，由于种类、分类的依据过于笼统，很多因素并未参与考量，因此造成了道路综合划分的一些不足。

　　根据街道的尺度、功能和所处位置，其类型应该分为：1. 大道（城市标志性道路）；2. 繁华街（较为喧闹的道路）；3. 大街；4. 后街、支路；5. 小巷、小路。1~3 是指城市大道或大街，其中大道是指代表其城市形象、格调较高的道路，市政大道和站前大道就属于此类（如图 1-15 所示）。繁华街的特征是人流集中，环境喧闹，商业特征明显，能够吸引大量顾客，通常的商业街、购物一条街就属于此类。有时候大道也可以是繁华街道，二者可以合二为一。大街一般是指尺度宽阔、功能多样，但没有形成商业特色的普通街道。后街、支路是前面所述大道或大街的分支道路，处于主要街道的背后或侧边，其特点是人流量少，街两侧一般以满足当地居民需要的日常商业服务业为主，其氛围不容易让观光客或外地人接近，但与本地居民的生活密切相关。小巷、小路的尺度和位置较后街、支路更为狭小和偏僻，一般是进入居住环境的通道，是居住者的生活空间，外部人员难以进入。

图 1-15　长安街（中国·北京）

　　城市街道的基本类型还有一些例外：一种是道路两侧并不全被建筑占据，一侧有建筑，另一侧向景观开敞，如滨水道路（河畔、湖畔、护城河畔、海岸线）；另一种是公园道路（公园的侧道），以树木、水体或山崖为边界的城市道路形式。另外，还有散步道之类的步行者道路。

第二章　中西方历史城市广场空间形态的发展过程

纵观世界城市广场的发展已经从公元前就有一定雏形，随着社会生产力的不断进步和发展，社会阶级层次、分工都有着很大改变，人类的群居逐渐形成了村庄、小镇、城市。在世界历史的重大节点中，每一个辉煌的历史阶段都会配合着不同程度的城市广场建设，本章节结合中西方不同阶段的历史时期，详细描述了城市广场的发展。

第一节　欧洲城市广场的发展过程

在我国城市广场的发展过程当中，会借鉴世界其他城市的发展历史，例如，在希腊这一城市的城市广场历史更加久远，并导致社会人群分层分工的出现。当地居民会去既定的交易场所进行买卖、活动或文化交流。随着时代的发展，在古罗马时期，城市广场的热度达到了最高潮，广场逐渐更加注重功能的详细分类，在广场的分类当中，广场的建筑形式得以保留。交易场所的改变更能说明古罗马时期经济的强盛，当地居民不仅物质得到了满足，同时更强调精神类需求，对于宗教的发展起到至关重要的作用，广场的功能也得到了丰富。同时，广场的形状也出现了改良，从最开始的圆形图案发生了改变，形状变得更加有特色，出现了方形、长方形、三角形等形状，这也是当时欧洲大陆宗教信仰文化、商业休闲娱乐多种功能融为一体的娱乐性场所。

在古罗马时代之后，文艺复兴时期的城市广场又发生了一系列变化，追随当代的思想文化使广场的面积变得更大，为了强调视觉的冲击性，建筑往往更加宏伟壮观。这一点可以根据现代的历史文物，或者当时的文艺作品得到证实。当时著名的建筑物有很多，如比萨斜塔、大教堂等历史建筑，这些都是人类历史进程的瑰宝。根据文艺复兴时期的审美标准和设计原理，"利用几何形状、轴线和透视原理来规划原本不规则的空间，用柱廊等建筑来统一广场外围的建筑立面，以及用雕像等来建立空间内的视线焦点（focalpoint）等"（引自叶璃《城市的广场》一文）。新建广场讲究采用三度空间的规律进行设计，即"三一律"。广场尺度的大小、景色的配合、周围建筑物的形式、格调要做到内外结合，虚实相济。广场的功能使用上表现为公共性、生活性和多元性。这一时期的杰出代表有意大利的锡耶纳、佛罗伦萨和维罗纳等广场。

到了巴洛克时期，广场的设计理念发生了很大变化。广场中央多设立雕塑、喷泉或方尖碑，更加强调空间的动态感觉，较为侧重考虑交通便利，城市广场的道路出口最大限度与城市里的主要道路连成一体，广场不再单独依附某一建筑物群。

第二节　中国古代城市发展过程

我国内部的城市广场发展相较其他国家有些落后。这是因为我国的历史文化与当时统治者的城市规划理念有着很大关系，虽然我国的广场功能画风精细，但是当时的主要功能还是方便于物品的交换与买卖活动。依据《周礼·考工记》记载："匠人营国，方九里，旁三门，国中九经九纬，经涂九轨，左祖右社，前朝后市。"我国早在春秋战国时期就已经有了较为完整的城市规划，形成了一整套基本布局的程式，对市场的规模和位置做出了严格规划。这种城市规划思想一直影响着古代城市广场的建设，例如，早在明清时期，天安门广场就按照礼制秩序将建筑群左右对称地布置在中轴线上，这种空间组合使广场与建筑群之间相互对应、吸引、陪衬。唐代长安城的规划同样也是沿中轴线两边设东市、西市。当时逛街是人们的一种休闲方式，街道空间也是人们交往活动的场所，可以说，早期的市场即广场的雏形（如图2-1所示）。

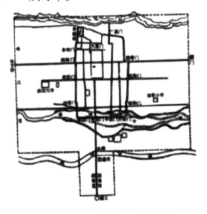

图2-1　北魏洛阳平面图

第三节　城市广场未来发展趋势

根据联合国人口密度调查预测，全世界人口将有超过1/2的群众生活在城市当中，世界上也会出现人口密度超级大的城市，并且这些人口基数过大的城市大部分会出现在发展中国家。随着世界人口的增多，为城市的发展奠定了基础。随着人口数量增多，城市建筑需求较大，这为城市化发展创造了有利条件，但是也为各个国家发出了预警信号，城市的面积会显得捉襟见肘，人类的生活也会出现严重的生态污染。虽然人口基数的增多会带动工厂生产的需求，但也会进一步破坏生态环境，由此可见，城市的功能需要改进，人类的生活理念也需要进步。城市化的建设往往跟随着时代进步，在未来探索新型城市中如何满足人类需求成为各个国家同时思考的问题。

一、城市广场空间多功能复合化和立体化

随着时代的发展，城市建筑从满足人类的简单居住到满足人类日常生活所需都是一步步进化而来的。当前，城市建筑种类齐全，既满足了人类的物质需求，也满足了精神需求，在众多建筑物当中，广场与群众生活息息相关，并且广场具有承载城市文化发展的重要依据，但是目前城市内部的空间广场不断变少，人口密度不断增加，这就导致城市内部交通等多方面问题。在城市的设计当中应该一改往常的设计理念，从多方面利用空间，减少不必要的资源浪费，只有这样，才能使拥挤的城市一改往日的面貌，变得有生机、有活力。只有城市建设以人为基础，服务于人，我们的生活才更能体现出设计者对城市设计的理念。

二、城市广场类型多样化和规模小型化

随着城市功能的丰富，城市广场的设计也改变了传统的形式与功能，在古代城市，广场往往是统一的地点，只有达到相互约定的时间，人们才会蜂拥而至完成约定的活动，但是随着现代城市广场的功能趋向娱乐化，它具有了公共的空间，在我国以人为本的理念中，城市广场不应当是个人的独有场所，而应是居民的公共资源，满足当地居民的生活需求。这样的改变便捷了群众休闲娱乐生活，为我国建设社会主义国家做出了重要贡献。

三、追求城市空间的绿色生态化

随着经济的发展，我国城镇内的人口突飞猛涨，我们的住房面积明显增加，由于城镇化的高度建设，我们的城市被大量楼房耸立填满，整座城市就像复杂的电路，城市内的空间十分拥挤，这并不适合我们人类的日常生活，我们曾说过人类更向往大自然的生活，更喜欢居住在自然环境当中。但是，目前城镇化建设导致我们所生活的环境变得高楼耸立，并且随着重工业的发展，导致我们的生活环境越来越差，工业的发展排放出的化学气体、车辆排放出来的二氧化碳也影响了我们的生活环境，车流不息的噪声影响了我们的日常生活。但随着发展理念的进步，我们越来越重视城市内生态环境对我们的影响，我们更向往的不是金山银山，而是绿水青山，我们应该保护自然环境，与自然和谐共生，只有自然环境好了，我们才会幸福。

四、保护历史文化传统，突出城市地域文化

保护地域历史文化传统特色，注重城市广场文化内涵，并将其融入设计构思中，其是城市可持续发展的重要条件，关系到一个城市是否能够长久地繁荣昌盛，这是得到人们共识的设计方向。

第三章　城市道路景观的历史变迁

本章把城市道路景观分为街道、大道、道路和后汽车时代四个发展时期，或者四种类型，从历史和形态的角度剖析城市道路景观构成的方式和成因。对于未来城市道路景观的发展，笔者认为，城市道路景观最终将走向"新城市景观"时代。城市道路景观在各个时期不是一个互相替代的关系，而是可以同时存在于同一个城市不同道路的空间类型，城市因道路景观而彰显其历史文化。

第一节　街道时代

中国传统城市街道有三种类型：城市大街道、小街道和小巷。以最具代表性的明清北京城为例，大街道和小街道的宽度、走向、长度都是城市形成前规划好的，胡同小巷有一定随机性。与城门连接的城市大街道宽 35m 左右，小街道宽 20m 左右，胡同宽 6～10m（由于管理散漫，中华人民共和国成立后，部分胡同窄至不足 1m，只够一个人通过）。[1]

城市大街道与城门连通，城门楼与箭楼雕梁画栋，高耸于街道的起点和终点，除具有防御功能之外，还是城市街道空间的标志物，起到围合限定街道空间和指示方位的重要作用。中国传统城市街道体系是从里坊制发展而来，宋代以后才逐渐打开坊墙，形成有临街店面的街市。由原来坊门演化而来的牌坊（牌楼）成为街道上主要的景观构筑物。牌坊造型华丽、色彩醒目、形制各异，是限定街道的标志物。同时，牌坊也具有纪念、表彰贤良的文化作用。清代北京街道上的牌坊多达 300 多处。城市中的塔也是重要的街道景观要素，塔起初是寺院的附属部分，后来有的塔与寺院脱离，按风水规矩建在山顶或河湾处，使塔成为城市外部空间重要的标志景观。

---

[1] 朱丽敏. 北京城市街道景观 [M]. 北京：北京建筑工业出版社，2012：72-73.

　　北京街道临街商业建筑一般为 1～2 层，很少有高楼，各式商铺高低错落非常丰富，但风格统一，这种加高临街立面的方式解决了房屋低矮（单层 6～7m）与宽达 20～30m 的街道不协调的问题，同时具有招牌和广告的功能。这种商业功能和景观效果的完美结合是值得现代商业街景观营造学习的。

　　与院落连接的胡同小巷内的景观由砖墙、屋顶、树荫和门楼组成。灰色调的砖墙和屋顶作为背景，绿色植物和色彩、造型各异的门楼搭配在一起，形成非常和谐的画面。由于与街道有一定间距，同时有院墙的分隔，这使胡同内部非常安静。

　　中国传统城市对建筑高度和色彩有严格的礼制控制。皇家高耸的红墙和黄色琉璃在大片青砖灰瓦低矮民居的衬托下显得非常醒目。城市的制高点包括城门、寺庙中的塔、皇城建筑、景山钟鼓楼，这与街道形成对景关系，在大街小巷甚至院落内都可以看到构成街道景观的视觉空间秩序。抛开其礼制因素，单从景观构成上看堪称完美。

　　北京国子监街是保护较为完好的旧城街道。东西贯通的国子监街全长 669m，平均宽度 11m，两侧均为四合院建筑，临街部分有店铺。国子监始建于元大德十年（1306），明初毁弃，改建北平府学，成为北京地区的最高学府，永乐帝从南京迁都北京后，改北平府学为北京国子监。古老街区内集中了国家级文物保护单位国子监、孔庙等大量历史文化遗产，也是北京市唯一完整保留下来的牌楼街，其共有四座过街牌楼：东西街口，额坊题字"成贤街"，各一座；国子监附近左右，额坊题字"国子监"，各一座。国子监街浓缩了北京传统城市文化的精华，幽雅宁静、庄严神秘，以其丰富的历史人文内涵成为北京独具特色的文化景观街道。

　　中国江南的水城形成前街后河的空间格局。前面的陆街一般用作店铺和家庭的出入口。后河的水街分两种情况：一种是只能通船，从民宅后窗或者平台开向河道；另一种是沿河步道或者连廊。连廊起到遮阳避雨的作用，把街道划分出半私密的空间，是家人、游客交流活动的场所。水里的船是联系两岸的拱桥，在这种安静的街道漫步，犹如行走在画中。江南水乡的街道是黑白色的，灰白色调的山墙、石桥和深灰色调的屋瓦、木头构件相互呼应，再加上翠柳的碧绿，一切都是那么灵动鲜活。中路亭、文昌阁、魁星阁、祠堂等祭祀场所的建筑也是街道景观的重要构成要素。

　　早在唐代长安和宋代开封就有沿街种树和管理的文献记载。据记载，清代北京前门大街两侧遍植杨、柳、合欢；清宣统二年（1910），绿化街道 58 条，主要种植国槐、刺槐和柳树。中国北方传统城市街道除重要的皇家御道用石板铺路外，其他道路较少铺装，只是将土地夯实而已，而且排水设施较为落后，往往在雨后泥泞不堪，最好的清洁方法就是覆盖黄土，洒水降尘。到民国期间，北京的主要街道才逐渐采用沥青、煤渣或石子铺装。南方由于多雨，街道多为砖石铺装。

　　欧洲人从古希腊时期开始就比较热衷公共活动，街道和广场是他们城市生活的真正客厅。街道是建筑围合而成，尺度以保证人和牲畜通行为参照，但并不统一。中世纪城市街道宽3~5m，它的线路是哥特式的自由曲线，很少平直布置，在街道会合处往往放宽尺度形成小广场。建筑构成街墙，密集排列的住宅高度大致相同，一般为10m左右，公共建筑高度突出，材质和形制也有区别，成为构成城市街道的主要对景。

例如意大利的锡耶纳，它是保护完好的一座中世纪山城，其街道宽度最窄处不足3m，多为5m左右，没有明显的等级区别，局部放宽，尺度不定，形成街角小广场。所有的街道都汇集到中心广场——坎波广场。住宅多为3~5层的红砖建筑，教堂高度突出，为石砌建筑，公共建筑立面比住宅复杂很多。城内所有路面都用同规格石板铺砌，坎波广场中心为立砖铺装，也有小广场用白色线在石板上画出装饰图案。街角广场布置花坛、喷泉或纪念雕塑等，形成街道的景观节点，景观设施尺度一般不大，雕塑或纪念柱的高度都低于周围建筑。这是一个由建筑围合而成的街道景观系统，主要的景观要素就是建筑，空间时而狭窄，时而宽阔，公共建筑是广场的主角，住宅建筑形制朴实简单，淡红色的砖块在周围暗蓝灰色丘陵的衬托下显得非常协调。很难说锡耶纳哪条街道更漂亮，它是一个流动的整体，弯曲的街巷流向市场、教堂，最终汇集在装饰简朴的中心广场。这里的一砖一石都非常普通，但对城市来说又都不可或缺，是它们共同构筑了这个城市艺术品。

建筑是街道景观的主要构成因素，每个小城都有自己的特色，材质、门窗、檐口都会有细微变化。例如，博洛尼亚很多街道的临街建筑均以走廊形式修筑，被称为"柱廊之城"，这是中世纪时，博洛尼亚为了方便人们在街上行走时免受日晒雨淋而确立的建筑修建规定。据统计，博洛尼亚市中心的柱廊有35km长。柱廊中柱子成为序列性的街道景观，廊内和廊外为街道增添了空间的层次，使店铺和旅客之间拉近了距离。在中国东部沿海地区，尤其福建、广东等地，很多城市街道由于多雨的气候和受外来建筑文化的影响，也多为柱廊形式。中山路是厦门市的一条老街道，具有非常典型的中式柱廊街道特点，街道和临街建筑的尺度也和欧洲街道很接近。

欧洲文艺复兴后，街道空间逐渐向规则平直发展，街道开始有明显的宽度类型区别。例如佛罗伦萨的街道，主街道宽10~15m，小街巷宽3~5m。街道景观依然以建筑为主角，建筑多为5层左右，街角偶尔会有雕塑。佛罗伦萨的街道空间感觉比锡耶纳更为宽阔，宽高比更为舒适，街道格局规整，是网格与放射路的结合。威尼斯是一个运河穿行其中的水城，形成欧洲传统城市与水道结合的街道形式，其景观加入了河道和桥的因素，构成与中国江南水城很相似，只是建筑的形式和尺度不尽相同。

以上欧洲城市街道景观案例中，路面铺装一般采用砖石，材质和规划统一，街道上很少装饰，几乎没有植物，街角偶有小广场布置雕塑或者喷泉，且规格都不大。其实街道是室内空间的延伸，或者可以理解为室内空间只是街道的私密部分。

通过以上案例总结传统城市街道景观的特点如下：

一、传统城市街道具有景观整体性

中国传统都城的街道景观和城市具有整体性，通过上面的分析我们可以看出，脱离城市整体色彩和高度形成的景观秩序，除了街道自身尺度亲和之外，景观就显得较为平淡。欧洲中世纪形成的步行街道城市更为典型，街道与城市分开就显得狭窄而且阴郁，一旦和其他街道和广场形成整体，反而显现出其变化和流动的景观空间特点。它们的整体性表现在色彩、质感和景观空间等方面。整体性是在城市建筑相互关联和照应下形成的，城市主体建筑华丽突出，大量普通住宅建筑朴素统一，共同构建和谐的城市街道色彩、质感和景观空间。我国现代城市每条街道都突出自身特色，大家争奇斗艳反而削弱了城市街道景观的整体性，各有特色反而没有了特色。

二、传统城市街道景观尺度宜人

传统城市街道景观是以人性尺度为基础，对其文化精神世界的空间再现，具有人性和神性的双重诉求。传统城市街道在尺度上非常契合人的活动需求；同时，街道系统的神性也满足了人们对文化神明崇拜的心理需求。在北京胡同里自家院门口就可以看到远处的白塔或者钟鼓楼，街道远处是防御外敌威武的城门楼、角楼，作为一个子民，生理和心理的街道归属感油然而生。欧洲中世纪城市街道是城市中心广场、教堂的延展，狭窄弯曲的街道通向开阔的广场，尽管和东方城市街道形成和使用方式不同，但景观空间逻辑是相同的。

三、传统城市街道景观具有明确的地域文化色彩

传统城市街道景观要素都具有明确的文化色彩。中国城市街道用牌坊表明人们在这里居住的身份，西方城市街道用雕塑纪念圣者和先人，街道景观都具有文化的定位和纪念功能。居住建筑的简朴低矮和神明建筑的华丽高耸，在街道景观上体现出社会的秩序和层次。西方传统城市街道空间最终汇集于广场，代表了城市对公共生活的重视。文艺复兴后，欧洲在城市街道举办庆祝活动非常普遍，考文垂在每年仲夏之夜和圣彼得之夜都会举办篝火聚会，锡耶纳的坎波广场在每年也都会举办盛大的赛马活动，还有西方国家流行的狂欢节街道游行。东方城市街道连接的是城门和家院，或者家院和家院，街道是家与外界世界的通道，不具有社会活动需求，广场对中国城市来说是舶来品，从文化角度来看，中国传统城市缺乏公共生活空间，也难怪北京的街道到民国才开始铺装。

第二节　大道时代

城市大道从古至今一直是城市当权者的梦想，城市大道时代一直没有终结。城市大道的景观和政治意义要远远高于其作为城市道路的价值。

一、历史上的皇权大道

西方城市大道的原型是来自古罗马时期的纪念性大道。100 年建立的提姆加德城位于阿尔及利亚，是典型的古罗马军事要塞城市。整个城市平面为规整的正方形，两条主要城市道路成"丁"字形相交，相交中心布置城市广场，建筑和柱廊环绕四周。城市广场占据了较低的中心地带，面积巨大，不远处是拥有 3500 个座位的露天剧场和 4 处浴室，以及图书馆和神殿。尽管中心大道的宽度只有十几米，但从宏伟的柱廊和图拉真拱门的布置可以看出城市大道的雄伟气势。

中国唐代长安中轴线的朱雀大道宽度为 155m，两边是宽 2m 的御沟和高 2m 的坊墙。宋代开封的御道相较唐代长安略有改变，御道和民用道路并置，只是由水沟和红色的杈子分开。唐代用宽度和围墙显示了皇权的威严和不可侵犯，宋代都城的御道仍然是王尊民卑思想在城市街道景观空间上的体现。

二、文艺复兴林荫大道

随着统治的人性化逐渐加强，中国的皇权大道逐渐变窄，但西方文艺复兴后，神权和皇权逐渐加强，宽阔的巴洛克和古典主义大道在欧美城市遍地开花。其中以法国的林荫大道最为典型。

欧洲文艺复兴之前的传统城市街道没有种植树木的传统。文艺复兴后才出现种植树木的林荫大道（boulevard）和林荫街（avenue），现代术语把它们作为可以互换的两个概念，其实它们有各自的起源。林荫大道（boulevard）是城乡边界的城墙，以栽植树木逐渐发展而来。欧洲城市城墙通常是有厚度的土夯壁垒，人们认为栽植树木可以起到隐蔽和加固防御的作用。16 世纪初期开始，随着城墙防御作用的消失，种植树木的城墙成为人们漫步和欣赏乡间景色的场所。1670 年，巴黎拆除了中世纪的城墙，填埋了护城河，将其改造成宽阔并高于地面的步行道，两边种植双排树木，原城门位置被雄伟的凯旋门取代。受附近著名棱堡大布列瓦（Grand Boulevart）的名字影响，"布列瓦"逐渐成为林荫大道（boulevard）的固定名称。18 世纪末，巴黎依托城墙林荫步道，大规模改造形成了林荫大道系统。林荫街（avenue）则起源于乡村道路和古典园林中的林荫路，宽度和规模比林荫大道小一些。这些原本处于城乡之间的林荫道路逐渐被城市化，两边建起密集的建筑，林荫大道和林荫街的区别逐渐模糊，形成现在欧洲城市的林荫街道样式。林荫道产生之初就被赋予构成街道不同功能区域的作用，人行道（sidewalk）方便购物，树木隔开车行道（roadway）与行人区域。同时，林荫大道创造出一个大尺度的网络体系，它赋予作为城市的一种清晰结构，林荫道同样是城市整体中重要的一部分。

巴黎的林荫街道形成了一个巨大的城市街道系统。街道交叉处的圆形广场树立的是放射荫道的起点和终点，圆形广场或者是高大雄伟的凯旋门，或者是雕塑、喷泉，或者只是林荫广场。在笔直的街道中心树立标志或者纪念物，将会使它们之间遥相呼应，最终街道汇集到宏伟神殿或者教堂前。林荫道是广场与广场之间的轴线通道，轴线中间、道路交叉处圆形广场中纪念标志物作为景观节点，引导城市空间的走向，强化空间秩序。景观雕塔、柱、凯旋门甚至喷泉规模尺度都比较大，高度大多高于周围建筑，对周围城市空间产生较强的视觉冲击，非常醒目。林荫道比其他城市道路宽阔许多，车道和人行道严格区分，人行道较为宽阔，往往占到街道宽度的一半以上，大部分在车道两侧，也有的设置在道路中间。部分位置重要的林荫道采用石块铺装，如香榭丽舍大街。临街建筑高度、材质、色彩、风格极其统一，突出了城市景观的整体性。

香榭丽舍大街是欧洲所有林荫大道的原型。大道东起巴黎的协和广场，西至星形广场，地势西高东低，全长约 2km，宽 70m。卢浮宫前的协和广场由 6 个喷泉构成，两旁是优美的自然景观步道，长度为 800m。环岛到星形广场之间大约有 1200m，建筑密集区域有很多商店。星形广场的视觉中心是凯旋门，这里汇集了大小 12 条道路，还有一个直径近 300m 的圆形广场。这里可以说是巴黎林荫道系统的中心。协和广场的方尖碑和星形广场的凯旋门相互呼应，再加上街道两边修剪整齐的法国梧桐，一起构成了气势恢宏的城市道景观。从历史文化渊源的角度来看，香榭丽舍大街是法国的皇权大道，是为其政治诉求服务的。这种形态转变功能后，原有的政治诉求转化为道路景观的文化底蕴，结合现代都市功能一起展现出新的城市大道风采。

法国林荫大道的街道景观形态对世界其他城市街道环境的发展影响深远，激发了各国城市大道建设的灵感，如今仍然是很多中国城市景观大道建设的范本。巴黎的林荫大道没有脱离和建筑的关系，尽管比起中世纪城市街道宽度大了很多，但是步行空间所占比例较大，空间构成上仍属于街道范畴。欧洲国家林荫大道是一个很大的街道空间家族，断面形式非常多。因其有更适合现代城市生活的宽度空间，植物形成的绿色景观和宜人的气候环境会使人们身处其中感到心态平和、情绪稳定，富有活力且有利于身体健康。平时人们在这里购物会友、散步休息，节日还里有盛大的游行集会和浪漫的城市艺术展览，所以林荫大道往往成为现代欧洲城市最具吸引力的城市公共空间。

古典主义林荫大道中出现大量街道对景的处理手法，这是对古罗马古典城市艺术的复兴。可以看到，欧洲林荫大道非常注重街道空间的围合，建筑形成一致的街道界面，圆形放宽的交叉路口是多条放射线路的会合点，同时是街道纵深方向的端点。有三种标识端点手法：①采用建筑或广场闭合；②视线可以穿越的框架，如凯旋门；③不遮挡视线的纤细标志物，如方尖碑。这些标志物一方面是街道的对景；另一方面是街头广场的焦点。凯旋门、纪念柱、骑马雕像这些都是古罗马常用的街景要素，在 15 世纪后得以重新出现在城市街道上。喷泉在古罗马时期往往处在街道一侧，独立于空间中央，同时以复杂的雕塑群装饰，这是欧洲巴洛克街景的典型特征。方尖塔在它的原产地——埃及没有任何城市用途，古罗马时期被运到罗马城中，开始被当作广场的中心装饰物，最后树立起的一座方尖塔就是巴黎协和广场的方尖碑。古罗马时期，雕像是成行排列在道路两旁的，古典主义则采用立于道路中央的方式，以强化轴线效果。

三、近代政治大道

仪式感很强的城市大道后来转变成集权政治的城市标配——政治大道。希特勒时期设想改造柏林的林登大道成为"千年帝国"的象征，它的长度、宽度，以及纪念物的高度都要比世界任何大道都大，战争的失败使这一设想破灭。斯大林的中央大道以游行和阅兵场地的方式得以让这一设想重现。莫斯科中央大街（高尔基街）宽 60m，与宽 457m 的红场连接，两边建筑装饰以工农形象为主，体现出其社会主义性质。这种被冠以新巴洛克风格的大道形式自第二次世界大战结束后在东欧和亚洲都有建造。

四、现代景观大道

以上海世纪大道为例，世纪大道建成于 1999 年，全长约 5.5km，宽 100m。世纪大道的绿化带和人行道比机动车行道宽，为突出绿化景观效果，北侧 44.5m 宽的人行道布置了 4 排行道树，南侧 24.5m 宽的人行道布置了 2 排行道树。大道沿线布置雕塑，营造文化气息，其中位于世纪大道起始交会处的开阔环岛上的"东方之光"雕塑以日晷为原型，用不锈钢管建成错综精致的网架结构，垂直高度达 20m，起到对景的作用。

其建成后，整个世纪大道有巨大道路断面，尽管北侧布置了许多景观元素，但非常冷清，只有少量游客或老人在树下闲坐，人气不旺；南侧街面人行道较窄，主要是全天基本处于高楼的阴影中，更是鲜有人在此散步或者停留。

世纪大道似乎让人看到了柯布西耶光明城市的现实版本，巨大尺度的汽车道路和高层建筑是巴西利亚纪念碑式城市的再现。上海世纪大道的展示功能远大于其现实城市的生活意义。笔者曾于 2000 年参观世纪大道，由于周围建筑退后很远，并且都是高层建筑，街道空间建筑密度低，空间围合弱，非常松散，方向感差，现场感觉很茫然。即使是被标榜的步行空间，由于跟其他城市功能关联性不强，空间更多的是展示作用，远处的高楼大厦像是展示城市建设丰功伟绩的纪念碑，我们能做的事情就是走和看，参与性不强，很容易就会感觉乏味。车道宽阔造成穿越困难，空间上是隔离的，在平交路口穿过宽度近 50m 的斑马线，即使是年轻人也不是一件容易的事情。

　　如果拿香榭丽舍大街和世纪大道对比，笔者认为，它们一个是城市街道，一个是城市干道；一个形成是基于文化，一个形成是基于技术，只是后者在景观构成方式上采用了前者的古典主义街景风格，但景观空间属性是不同类型。

　　深圳的深南大道与世纪大道的建成年代相近，它是一条以绿化为特色的城市景观大道。深南大道设计宽度为 140m，路面净宽 80m，两侧绿化带各宽 30m，在路中央留出 16m 绿化隔离带。它是绿化景观大道的代表，开创了我国道路预留绿化宽度的先河，之后很多城市的景观大道绿化宽度一再加宽，其中佛山一环的绿化带宽度达到 100m。在这里，景观大道逐渐成为城市绿地系统中的重要组成部分，从城市生态环境发展的角度来看，这个类型的景观大道值得提倡。

五、大道景观的特点

　　古代权贵专用的皇权大道是阶级地位的象征，它的象征意义大于使用价值。中国的皇权大道逐渐发展成为生活化的街道，但古罗马网格城市大道在中世纪却逐渐变形消失了。古典主义林荫大道是对古罗马大道景观的重现，也继承了部分传统城市街道属性，其景观与城市具有整体性。古典主义林荫大道给中世纪传统城市增添了宏伟的仪式感，在符合人们对城市社会生活需求的同时，把原本不易做大的西方传统城市通过笔直放射状的林荫大道网格延伸扩大，但又具有城市景观的序列感和整体性。由于以上原因，林荫大道在今天的城市中得以保留和推广。

　　20 世纪初期的政治大道带有浓重的政治和武力色彩，是特殊历史时期的城市产物，追求用超大的尺度和高度来表现其权力和理念的不可侵犯，重视意识形态表现，忽视城市的景观传统和普通人的生活需要。中国式的现代景观大道是经济快速发展的国家容易产生的大道景观类型。大道景观在各个历史时期的城市中都占有重要的空间位置，对一个时期的城市景观格局起到统领作用，是城市主导者展示功绩的纪念性场所。

　　古典主义林荫大道景观是传统和现代城市景观的过渡形态，由自发形成逐渐向规范化建造转变。当汽车出现后，适合马车行驶的林荫大道不需要太多改造，适当对汽车加以限制，便造就了今天巴黎老城较为人性化的街道景观环境。

第三节 道路时代

古典主义的林荫大道是现代城市道路景观发展的催化剂。作为林荫大道影响下产生的中式景观大道，属于现代城市道路景观的范畴。

林荫道对美国道路景观的影响是从公园道（parkway）开始的。美国城市街道继承欧洲传统，基本不种植树木，只有在住宅区才有种植行道树的习惯。19 世纪后期，美国风景园林设计师奥姆斯特德和沃克斯设计了一种用来连接公园，供人、自行车、骑马和马车使用的专用林荫道路，后奥姆斯特德称其为公园道（Parkwa）。纽约布鲁克林的东方公园大道（Eastem Parkway）被称为世界上第一条公园道。这种道路一般位于城市郊区，是宽度不大的碎石路，两边种植树木，是专供上层社会使用的休闲景观道。从专用术语上讲，美国公园道专指连接城市和郊区公园的休闲林荫道路。

20 世纪后，由于汽车的普遍使用，公园道含有城市快速路和汽车休闲道的概念，其风景优美的特性则逐渐减弱，后成为交通干线道路的名称，现代基本已经被城市快速路和高速路替代。公园道（Parkway）是经过精心设计布置的环境，给驾车者提供休闲娱乐体验的景观道路，这一独特的美国城市发明开始改变城市发展的方式，城市向郊区化发展，公园道、城市快速路、高速公路慢慢和城市融合在一起。公园道成为城市景观道路的代名词是在 20 世纪 30 年代，美国建筑师罗伯特·莫西斯在纽约有意识地为小轿车用户规划了一种交通体系，将公园道系统扩展到曼哈顿岛的西侧，创造了亨利·哈德逊大道（Henry Hudson Parkway），成为世界上第一条真正意义上的城市机动车大道。以上是对现代城市道路和汽车之间发展关系的历史回顾，同时推动了一个现代城市机动车景观道路的开端——公园道（Parkway）。尽管此"景观"更多是驾车乐趣的附属，但是也能反映出汽车和现代城市道路发展的初衷是与丰富城市生活和享受城乡美景相关联的。从柯布西耶到布坎南，城市道路体系规划设计和建设的汽车化、规范化基本完成。在汽车化和规范化的基础上，城市道路景观形成以下几个特点：

一、技术和规范使世界城市道路景观向规范化和同质化发展

正如柯布西耶所宣布的：现代城市不需要街道。以汽车作为主要交通工具的现代城市道路体系出现以后，传统城市公共空间体系开始逐渐被瓦解。1965 年，英国布坎南通过《城镇交通》阐述的现代城市道路系统是对柯布西耶理论的深入分析和发展。以汽车尺度

为标准的现代城市道路景观逐渐趋同，这种趋同的动力来自技术和规范的发展和执行，城市道路体系的建设与政治文化的关系逐渐远离。在经济、安全、管理等技术层面上形成的城市道路景观也必然逐渐规范化和趋同化。另外，现代技术使筑路所受限制逐渐减小，笔直宽阔的快车道或者高架桥几乎可以通到任何想要去的地方。全世界城市道路景观都充斥着宽阔的柏油路面、复杂的高架桥、来往的车流、巨大的广告牌和林立的高楼大厦，缺少个性和地域特色。如果抛开服饰和文字等因素，很难区分来自不同地方的现代化都市的城市道路景观。

二、城市道路逐渐取代城市街道，城市景观形态由街道向道路转变

城市发展过程中为解决老城的交通压力，不断拓宽原有传统街道，从而破坏了传统城市街道的空间构成。改变的不仅是宽度，而是从根本上破坏了城市街道景观的整体性，割断了它与老城空间机体和文化机制的关联。例如，北京旧城干道路网的建设，用汽车尺度的城市干道替代以人的尺度建立的传统街道破坏的不仅是某一条街道，而是城市街道景观空间的整体性。

基于要满足汽车通行需求的现代城市，人的居住和商业活动逐渐内部化，建筑的外部空间留给汽车通行。同样因为出行对汽车的依赖，人们出行恨不得从居住建筑的地下车库直接行驶到商业和办公建筑的地下停车场，人没有了室外交往活动的需求。传统城市街区逐渐被改造，把商业和工作活动室内化，以大型城市综合体替代原来的街市；居住空间小区化，人们居住在一个封闭的、功能单一的大院内，城市街道的交往功能一去不复返。传统街道环境逐渐旅游化和商业化，成为城市的装饰物，即使设置休憩设施和空间，但由于没有真实的需求，也就无法显现出其应有的活力。例如，上海的世纪大道虽有宽阔的步行空间，但由于和其他城市功能关联性差，造成只有少数游客来此观光，很难吸引当地居民日常使用。城市道路景观行为模式中，汽车的行驶和停放成为主导因素，慢速向快速转变，混用向专用转变。城市道路的交通功能越来越明显，而城市空间功能逐渐减少，导致城市公共空间生活内容乏味，活力缺失。

三、汽车是景观的主导因素，城市道路景观空间尺度不断增大

城市道路基于汽车的尺度和速度构建，造成城市两个层面的尺度不断增大：汽车速度显示出城市的范围不断扩大、汽车的增多造成道路的尺度不断增大。汽车速度下的道路景观只有增大尺度才能被看清，城市道路景观元素的体积和距离都随着道路宽度的增大而增大。在这个被放大的城市空间里，人的行为受到诸多限制，横跨道路要上天入地（天桥、地下通道），跑步通过（宽度太大，一个红灯的时间间距走慢了来不及通过），步行空间

逐步被压缩和占用，人们在城市道路空间中处于绝对弱势。

大建筑、大马路和大公园让人们失去了在城市穿行街道的乐趣。城市大量空间被宽阔的城市干道和高架路分割，即使建成游园，也要面临嘈杂的噪声和汽车的尾气、粉尘。人的行动被限制在狭窄的人行道上，稍不注意就要面临汽车呼啸而过的危险，近在咫尺的地方往往要绕行很远才能到达。这都是"大"带来的使人行动不便的因素，"大"使城市道路景观人性缺失。

四、城市道路景观逐渐与城市文化脱节

传统城市是在统一的文化机制下形成的，它对建筑形式、高度、色彩都有严格要求，同时低技术水平也使城市街道景观形成过大的尺度空间。这些限制都在现代城市道路规划设计理念和建造技术下被冲破了。

在我国，道路建设是市政范畴，归市政设计和建设部门建造管理；道路绿化作为道路景观营造的主要手段，是园林绿化部门的专业范畴；临街建筑开发权归开发商经营，尽管有城市规划部门的管理协调，但在局部利益的驱动下，不同地块、不同业主极力彰显各自的建筑个性。这种建设和管理模式下的城市道路与周边城市景观逐渐分离，并且道路造成城市景观的破碎化。城市道路景观失去与城市景观整体的关联性，对城市历史文化赋予城市的肌理没有延续甚至破坏，造成城市道路景观的文化缺失。

五、城市道路与城市景观脱节

城市道路功能向专用化发展，功能单一的快速道路系统使"景观"与道路的关联越来越弱。

为了减轻交通压力，人为减少建筑与干道的关联，建筑入口背离主干道，与主干道之间用绿地分隔。远离道路的低密度高层建筑使其无法形成有效的临街界面。城市干道逐渐成为汽车的专用通道，绿化带代替临街建筑形成封闭界面，在道路与绿地之间，人行道被压缩到最低限度。将临街处建成带状绿地作为营造道路景观的主要手段，但在车水马龙的干道旁边，休闲绿地的游憩价值并不高。道路绿地景观向带状公园转变，使城市道路和道路的"景观"逐渐分离。道路成为通行的"渠道"，建筑和植物成为城市道路的附属物，它们跟地块的关系更紧密，与道路用护栏分开。

这里所列所有问题的关键就在于对私人汽车的过度依赖和使用。近年来，中国城市化运动进入快车道，伴随着人口增长、城市不断扩张，尤其中心城市，交通拥堵、空气污染，使城市的文化和生活被淹没在车海当中。经济发展给城市带来林立的高楼和立体交织的快速道路网络，但似乎并没有给我们提供一个更有利于高效通行和适宜交往的公共空

间。作为基础设施的城市道路从来都是城市空间的重要角色，交通功能已经被发挥到了极致，但其对城市景观环境的影响并没有得到应有的重视，或者说认识上尚有偏差。我国城市还没有从经济发展的热潮中冷静下来，面对同样的城市问题，发达国家除了从技术和政策方面不断应对外，景观都市主义的倡导者把城市作为景观主体，提出城市基础设施景观化的观念。新城市主义理论倡导发展紧凑、开放、多功能混合的城市空间；倡导限制私人汽车，发展公共交通；倡导回归传统城市和街道生活。城市快速路项目被重新审视，甚至拆除改造。即使建设，也尝试把路作为城市公开空间来营造，避免只关注道路汽车交通功能，从而给城市景观带来负面影响。

现代主义给城市带来的问题已经显而易见，现代城市道路景观研究应该重新回到城市景观的整体性观念上来。正如景观都市理论所倡导的："景观是构成城市的基本要素"，要把城市作为一个景观整体来经营。道路与其所经过的城市空间，以及这个空间的历史之间应该紧密地连接在一起。汽车不可能在城市里消失，汽车是方便我们城市生活的工具，不应该成为城市发展的主导因素，这个主导因素应该是"人"自身。

第四节　后汽车时代：新城市道路景观的回归与创新

20世纪80年代，发达国家汽车发展已达到相对成熟期，汽车增长趋于平衡。伴随着20世纪70年代"石油危机"引发的人本主义、环保主义和可持续发展思潮，促使国家、社团和个人层面都开始反思汽车对城市道路环境带来改变，推动了以步行和自行车优先，同时兼顾汽车的混合交通方式的盛行。城市道路景观逐渐回归人性和传统，私人汽车不再是城市道路建设主要的考虑对象。不但城市范围内汽车专用的城市快速道路发展受到限制，并且在欧美很多城市出现城市快速路的改造运动。汽车速度受到限制，步行、自行车交通系统更为完善，并且被放在优先发展的位置上。城市道路景观空间向多元化、人性化、多样化发展。现代主义城市道路功能的单一性造成城市面貌同质化和地域文化的消失。在全球化发展的背景下，后汽车时代城市道路的价值内核逐渐统一，就是人性化和以人为本，全世界的城市都应以创造人性化场所为发展原则。但在文化价值上，因其将尊重地方文化放在首位，故在城市文化和环境特色发展方面，新城市道路与现代主义道路截然相反，会强化不同城市文化和自然景观特色，促进地方文化和环境差异性的发展。

世界各国城市经历了汽车的城市问题后，积极寻找解决问题的方法，走出了一条城市道路景观回归与创新并存的发展道路。

一、回归人性化——创新多种交通方式共享的道路景观空间形态

新城市道路景观首先是回归人性化，摒弃对汽车的过度依赖，将人的尺度作为未来城市道路景观营造的基础。将充满汽车的城市道路回归步行、自行车和汽车共享的道路，这本身就已经改变了城市道路的景观形态。回归人性化意味着更有活力、更安全、可持续和健康的城市道路环境，是城市道路景观在行为要素上的转变。

为了改善城市公共空间环境，从20世纪60年代开始，丹麦哥本哈根城内的停车场每年减少2%—3%。从1970年到1996年，汽车拥有量明显增加，但二十五年来，汽车交通量却变化不大。一直到1996年，汽车交通量才刚刚超过1970年的水平，在欧洲也是一个奇迹。这都得益于对汽车交通的限制，昂贵的驾车费用和不方便停车的情况改变了人们出行驾车的习惯，换为乘坐公共交通工具或者干脆步行和骑自行车出行。通过几十年的限制汽车和倡导步行、自行车交通，哥本哈根从一个非常普通且汽车遍地的城市转变成一个充满活力的步行城市，城市建筑没有变，道路形式没有变，但是它的城市道路景观变化却非常明显，回归熙熙攘攘的传统城市街道景观形态，在现代城市生活中焕发了新的面貌。

前文提到的巴黎香榭丽舍林荫大道于1992年曾经进行过一次改造。改造前，大道两侧人行道宽12m，人行道外侧是具有停车功能的辅路，从照片上可以看到其与北京很多干道景象非常相似。改造后取消了辅路，把人行道拓宽到24m，原有停车场通过坡道引入地下。完成改造后的香榭丽舍大街，两侧24m宽的人行道全部采用典雅的花岗岩铺装，商店前5m范围可以由店家自由支配，设置玻璃屋或露天服务设施，外侧新拓宽的部分有两排大树，放置专门设计的路灯、座椅。新香榭丽舍大街更加高贵典雅，加倍宽阔的人行道吸引更多行人在此漫步、活动、游憩，常常被人流挤得满满的，给这条原本著名的城市大道增添了无尽活力。

二、回归场所性——创新发展多层次城市道路景观空间系统

在后汽车时代城市道路景观中，汽车不可能完全被摒弃，只是城市道路空间不仅承担城市交通，也要承担城市公共空间的作用，回归其作为城市场所的功能。由于现代城市生活的复杂性，要求新城市道路景观建设中必须创造性地发展多层次城市道路景观空间系统，营造适合人们生活和交往的城市场所。

后汽车时代的城市快速路并没有完全消失，它们仍然承担着城市大量、快速的机动交通功能，只是位置和形式发生了改变。它们退出了主城区，包括对城市景观空间影响大的位置，更多采用嵌入地下的方式，或者干脆埋入地下，城市快速路逐渐退出主城区的交通体系，将城市中心道路空间回归其场所性，重新作为人们交往和户外活动的地方，城市道

路不仅是交通通道，也是城市居民生活的场所。西班牙巴塞罗那格兰大道（Gran Via de les Corts Catalanes）把机动车引入嵌入地面式快速路，采用立体方式和城市道路的其他功能整合在一起。在100m宽的地表布置城市辅路、停车区和绿化休闲区，快速车道降入地下，并用特殊设计的声屏障遮挡，使高速运行的汽车噪声影响范围缩小2/3，实现了通行、停车和景观的最佳组合。而快速路两侧的城市空间被开放，使人们的居住空间紧密联系，方便人们休闲和运动，在城市活力和交通效率之间获得平衡。

1905年建成的哥伦布圆环（Columbus Circle）一直是纽约曼哈顿的一个著名道路地标空间，坐落在繁华的百老汇大街与中央公园西大道和59街与第八大道的交叉口。原本地标矗立在机动车道的中间，人们无法靠近，圆环仅有道路对景和地标作用。1997年，纽约市策划重新设计哥伦布圆环区域。2001年，景观设计团队和合作的工程师设计团队将原本无法靠近的雕塑标志变成一个具有强大吸引力的城市空间，吸引了广大纽约市民和游客的观光，以充满活力的植物、气势磅礴的喷泉、令人惊奇的长椅以及夜景照明造景一起赋予圆环景观独特的个性和生命力，将城市空间整合得更加紧密。哥伦布圆环改造工程最突出的特点是通过改造工程，将原本冷冰冰的城市机动车道路中心地带创造性地变为人们交往、休闲和流连的城市场所，让城市与人们生活之间的联系更为紧密。广场建成后，从人们的笑容和安逸的表情可以确定这里已经成为他们熟悉和喜爱的日常生活场所。

三、回归城市景观的整体性——创新城市道路景观与城市景观的融合方式

城市道路景观回归城市景观的整体性主要体现在空间整体性、文化整体性和生态整体性三个方面。

1989年旧金山大地震后，政府拆除了宽阔的Embarcadero高架快速路，人们很快适应了新的交通方式，新的城市公共空间体系和生活方式随之而来。今天的Embarcadero已经是一条友好的林荫大道，有轨电车穿行其间，为城市生活和骑车人提供了良好的环境。道路景观环境的改变成为引导城市生活方式的主要因素，道路空间提高了城市景观在空间方面的整体性。

绿道概念的产生极大拓展了城市道路作为城市景观要素的作用，同时使城市道路景观回归城市景观的整体性成为可能。它为城市空间整合、文化遗产保护和生态环境改善提出了一整套解决策略。尤其绿道网络概念的提出，城市道路景观与其他形态绿道一起将城市整合为一个景观整体。作为城市绿道网络的重要组成部分，城市道路总是能够更大地整合城市空间，提供更为多样的城市开放空间，是城市生态环境最重要的廊道网络。换言之，每一条城市道路景观空间都将融入城市绿道系统之中，任何一条城市道路景观的营造都应该以维系城市景观的整体性为出发点，在融合方式方面不断创新，从而获得城市空间，使

文化和生态的整体性得以提升。在绿道概念之下，城市道路景观不仅限于道路红线的绿化美化，而是要与城市空间、文化和生态之间整合起来。例如，纽约高线公园作为一个线状城市开放空间，其自身是一个步行系统，也是一道城市绿线，同时它与城市道路之间也存在着相互呼应的景观关系，在一定程度上，它也是城市道路景观的一个组成部分。法国的绿荫步道更是与城市道路伴随而行，通过步道的建设，将城市道路空间联系在一起，城市与道路、绿道、步道是无法分割的整体景观体系。

四、回归传统城市街道景观尺度——创新城市道路生活方式

发达国家城市都曾经历汽车成患的阶段。比较早开始意识到问题，并且采取措施的城市是丹麦的哥本哈根，其从 20 世纪 60 年代就开始逐步对城市公共空间进行改造，并且限制汽车的使用。1973 年后，在步行街道不增加的情况下，哥本哈根大量拓展沿街供行人逗留的广场空间。这些道路以及道路广场用传统的本土材料和简洁的传统设计铺装连接起来，新改造的小型广场设计新颖，旧城市广场则恢复其作为城市道路景观空间的主体角色。

丹麦学者扬·盖尔从 20 世纪 60 年代就开始致力对哥本哈根城市步行及公共生活空间的研究。其研究表明，20 世纪 70 年代，哥本哈根步行街数量趋于稳定，到 2000 年夏天，在公共场所活动的人的数量增加了 3.5 倍，哥本哈根市无机动车交通的范围也增加了 3.5 倍。80% 经过市中心的交通都是步行交通，这里是步行者的乐园，有 5000 个室外咖啡座供人们休闲使用，各种各样的街头艺术活动吸引人们观看。而这一切在 20 世纪 20 年代至 30 年代是不可想象的，当时很多人并不认为丹麦人会习惯城市公共生活。城市公共空间的复兴让丹麦人爱上了街道生活。调查表明，20 世纪 60 年代以来，哥本哈根原本只限于夏季的户外季节延长至七个月，从早春的 4 月一直持续到 11 月。室外咖啡座和街头艺人都是在公共空间复兴的前提下所产生的新的城市生活方式。

到 20 世纪 80 年代，在欧洲形成了城市公共空间回归传统街道生活的改造热潮。回归传统街道景观空间为创新城市道路生活方式提供了空间基础，将城市道路功能从简单的通勤交通转变为集休闲运动、欣赏街头艺术、亲近自然生态等多样化功能为一体的城市公共空间。西班牙巴塞罗那拆除大量老城区内不合时宜的建筑，如仓库、厂房等，改建成数百座大大小小的城市街头公园、广场和休闲场所。建筑师、艺术家、景观设计师甚至普通市民都参与到道路景观的设计当中来，在很多普普通通的街道上都能找到著名设计大师的作品。旧城中心的改造工程限制了汽车的行驶和停放，街头广场将城市街道连接起来，使其成为城市的艺术展廊。

五、回归公共交通——创新作为城市道路景观构成要素的公共交通工具

19世纪末，电车和自行车被引入城市，使人们的活动范围扩大，但第二次世界大战以后汽车的引入使城市的交通模式发生了巨变，有些城市的公共交通几近消失。20世纪80年代末开始，新型有轨电车出现在欧洲城市。例如法国斯特拉斯堡，1989年交通调查显示，当时进出该市的人口有73%是驾驶汽车，每天市中心车流量达到24万辆，旧城街道已经无法承受，汽车污染对古建筑造成极大威胁。在新任市长的主导下启动城市的更新计划，限制汽车进入市区，并且引进豪华舒适的轻轨系统，低速运转的有轨电车和人流、自行车共处一条道路，简洁大方的轻轨设施成为该城市道路景观的特点。沿超过20km长的轻轨车道自然形成一个综合性带状公共空间系统。轻轨是这个公共空间系统的主导，它不但方便人们穿行城市，宽大的车厢和明亮的车窗还成为游人观看城市景观的最佳方式。在进入城市的轻轨站旁边设置停车场，交费停车的驾驶员可以免费乘坐轻轨，这样大大减少了进入市区的汽车数量。在这里，人们步行和骑自行车也受到优先待遇，人流的增加促进该地区临街建筑的更新，很多破旧脏乱的地方得以翻新，一部分区域得到大众的支持，开始禁止汽车进入。创新的公共交通方式成为斯特拉斯堡城市道路公共空间复兴的导火索。感受到环境改善的人们更加积极地投入道路景观完善的行动中。道路景观在保持城市整体性的前提下，采用同样的材料、色彩和街头家具，成为城市生活的重要场所。

这种有轨电车和步行街相结合的方式在美国的波特兰、德国的弗赖堡、澳大利亚的墨尔本等地都有巨大的发展，取得了很好的交通和环境效果的改善，形成了城市道路景观特色。而在巴西的库里蒂巴则选择了公共汽车系统。这个系统由透明圆筒状的公交车站、公交车专用道路和专用颜色区分线路的公交车构成。这套系统技术先进，大大减少了人们等候和上下车的时间，它承担了城市78%的通勤交通任务，这是个了不起的成绩，最重要的是它已经成为这座著名生态城市道路的标志性景观。

第四章　城市道路与城市的发展

本节从道路与城市的形成入手，从历史的角度看待城市发展与城市道路形态演变之间的关系。在社会文化和技术发展中，寻找东西方城市不同历史阶段城市道路形态形成和转化的技术动因和文化基础。

第一节　道路与城市的起源

一、道路与城市的形成

人类建造道路的历史几乎可以追溯到原始社会。世界上第一条道路是何时何处修建的，没有人能够真正说清楚。远古时代的人们沿着动物踩蹋形成的兽径或是山谷河道行进扩展疆域，或者狩猎，或者征战，没有道路的概念。原始的道路是由人踩蹋而形成的小径。东汉训诂书《释名》记载："道，蹈也，路，露也，人所践蹈而露见也。"距今4000年的新石器时代晚期出现了原始的简单桥梁，有使用牲畜托运重物的记载。传说中华民族的始祖黄帝根据蓬草随风吹转而发明了车轮，于是以"横木为轩，直木为辕"制造出车辆，对人类生产力的发展做出了伟大贡献，于是人们尊称黄帝为"轩辕氏"。随着车辆的出现产生了车行道，人类陆上交通出现了新局面。世界已知最古老的铺装道路出现在公元前2600年到公元前2200年的埃及，在一些主要城镇的市场和道路上采用石板铺砌，或者用砖铺砌基础，加灰浆，再铺上石头路面。农业、贸易和战争促进了城市的产生和发展。而这些生产、交易和征战活动需要规范化的交通网络作为支撑。农业发展促进了剩余产品的聚集和交换，是人类城市文明的起点。研究证明，早期城市道路网络往往是由当地农田的划分方式决定的。中国周朝的道路规模和管理水平就已经非常发达，市区称为"国中"，郊区称为"鄙野",其中的道路分别由"匠人"和"遂人"管理,与现代城市道路和公路的划分方式相似。《周礼》中关于农田规划写道:"凡治野,夫间有遂,遂上有径;十夫有沟,沟上有畛;百夫有洫,洫上有涂;千夫有浍,浍上有道;万夫有川,川上有路,以达于畿。"遂、沟、洫、浍、川是田间灌溉系统;径、畛、涂、道、路是不同级别田间道路的名称。

随着商品交易的盛行,在一些交通便利之处形成"集市",逐渐成为一个地区城市发展的基础。古希腊城邦多因商贸形成,米利都城邦地处弥安德河流域,土地富饶,位置重要,在小亚细亚南部是弗里基亚的贸易中心,公元前8—前6世纪,向外建立了四十多个殖民城邦。公元前5世纪左右,河西走廊的开辟使中西方商贸交流逐渐增多,塔里木盆地城邦国家如鄯善、龟兹、楼兰、疏勒、且末等都在这一时期出现,史称丝绸之路。丝绸之路是沿线各君主制国家共同促进经贸发展的产物,这条路线被作为"国道"踩了出来,各国使者、商人、传教士来往络绎不绝,促进了沿途城市经济和文化的繁荣发展,促成贸易城市的形成,例如武威、张掖、酒泉、敦煌等。

人类历史上从没有停止过征战,征战是道路和城镇形成的重要动力。古罗马帝国在其占领地进行了大规模的军事要塞城镇建设,同时发展出非常专业的道路建设技术,用规范的战道将要塞城镇连接起来。公元前275年,在地中海沿岸建设的派拉斯(Pyrrhus)营地是罗马时代军事要塞城镇的原型,直至今天,欧洲还有大约130个城市是从军事要塞城镇发展而来的。

二、城市的发展与道路

城市是人类社会发展的必然产物,是人类文明的终极象征,城市的发展程度代表了一个时代人类社会的文明程度。

"城"和"市"是两种不同的社会产物。"城"是具有防御和宗教功能,并有明显边界的,封闭、内向的社会性物质空间;"市"则是人类经济社会发展带来的产物,是以贸易和经济活动为目的,没有具体形态要求的开放空间。随着社会的发展两种空间形态,不断丰富和交融,互相渗透杂糅在一起,最终形成内容多样、结构复杂的人类聚居形式——城市。

城市的形成和发展有两种途径:一种是自上而下,在特定规划思想下修建形成的城市,这类城市形态规整,呈现网格和几何图形的空间格局;一种是自下而上,没有具体的发展目标和方式,在特定自然环境下随社会自由发展形成的城市,这类城市一般与自然环境相融合,呈现自由的空间形式。无论是东方,还是西方,都有在这两种途径下形成和发展的城市。东方自上而下形成和发展的城市多是一国的都城,或者说都城就是国家的象征，城市的形态就是社会思想和政治制度在空间上的表达。城市的防御系统和生活功能置于政治制度功能之下，城市形态的象征性多于实际使用的逻辑性，城市道路空间体系的礼制制度需求高于生活空间功能需求。西方规则网格城市发源于战争要塞，规则的路网更加有利于军队的组织和管理，同时笔直的道路有利于显示国家力量的恢宏气势和不可战胜的军事实力。自由发展的城市没有规划，但并非完全没有建设原则。在人类社会早期，恰恰是在统一的生活原则之下，自下而上地形成了更为完美的城市形态，自由发展的城市就如自然界的有机生物一样，有机地发展出人、自然和城市之间的和谐关系。城市道路空间是经过无数次博弈的结果，在通行和生活之间形成平衡，从而逐渐蔓延和发展。

这两种城市的形成途径不是完全孤立的，自上而下形成的城市中有自下而上的发展部分。中国的都城往往是在短时间内建成宫殿、城墙和道路网，城市中的生活区则是在逐渐的自由发展之中形成。经过漫长的中世纪，古罗马要塞的规则城镇逐渐自由发展成新的城市形态。

道路在城市形成和发展中起到框架和起点的作用。自上而下规划形成的城市首先建设的就是路网，在路网之间的地块中逐渐建设充实。城市道路两侧临街的建筑往往最先建成，然后是大街后面的小巷。自下而上形成的城市往往发起于交通"道路"（也可能是水路）的交会处，道路是城市的起因和空间的原点。原本连接其他城市的道路逐渐被建设用地包围，成为这个新兴城镇的主街道，随着城市的发展，原本的连接道路被转移到城镇外围。自下而上有机发展的城市除了受自然地理环境的影响，还与农田的划分方式有关联，例如，在中国传统的井田制度下，规则的农田网格逐渐发展成城市道路网格的原型，欧洲中世纪"自然城市"也与地块的耕种划分方式有关。

三、城市道路相关概念的起源与辨析

中国礼制经典《周礼·考工记·匠人营国》中记载："匠人营国，方九里，旁三门。国中九经九纬，经涂九轨，左祖右社，面朝后市，市朝一夫。"文中的"国"即为一国的都城，指古人对理想都城基本功能格局和道路规划的设想。同时文中记载，"王宫门阿之制五雉，宫隅之制七雉，城隅之制九雉，经涂九轨，环涂七轨，野涂五轨。门阿之制，以为都城之制。宫隅之制，以为诸侯之城制。环涂以为诸侯经涂，野涂以为都经涂"，以确定城市通道的等级与尺度。从以上两段我们看到，中国古人把都城道路分"为经、纬、环、野"四种，南北之道为经，东西之道为纬，城中有九经九纬呈棋盘状，围城为环，出城为野。《考工记》是中国古典城市规划设计的导则，后世的中国城市，尤其具有各时期代表性的都城，其规划建设的框架都来自这里，其是中国最早对城市道路的尺度和类别进行划分的典籍。

现代汉语对街道、道路概念的表述因为字词的重叠而比较容易混淆。例如，"街道"是指旁边有房屋的比较宽阔的道路，通常是指开设商店的地方；"道路"是指地面上供人或车马通行的部分，两地之间的通道，包括陆地的和水上的。这两个词中都有一个"道"字，"道"在《周礼·地官》中是指比"路"窄一个车道的田间道路。"路"从足，具有比"道"更多通道、区域和行进的意义。而"道"从辶（读 chuò，意思是忽走忽停），本义是指供行走的道路。在中国文化中，"道"已经上升为最高的哲学概念，在一定层次上也有路数和规则的意义，和道路的引申意义相近。"街"字从行，从圭。"圭"意为"平地"，"行"是指"四岔路口"，本义是平地上的四岔路口。小篆的"街"字十分像纵横相交的十字路。"街"几乎没有其他引申意义，都与市集（方言里赶集和赶街同意）、邻里等相关。另外"市"是"街"的功能之一，或者说是特殊的"街"，所以"街"就是"城市"中"市"字的同义异字，是最能贴切表达城市道路意义的汉字。中国传统城市中直为街，曲为巷；大者为街，小者为巷。

英文"street"在《新牛津英汉双解大词典》中的英文释义是"a public road in a city, town, or vil-lage, typically with houses and buildings on one or both sides"，其词源来自拉丁文"sternere"，意思是"铺"，就是市镇中建筑之间铺装过的通道，所以欧洲传统城市街道基本是铺装过的。词意中特别强调了铺装的问题，这在汉语里是不存在的。"road"的词义就是普通的道路，它来自古英文词"rad"，意思是"to ride"，所以它更多的意义是指需要骑马通行的普通远途道路，英文释义是"a wide way leading from one place to another, especially one with a specially pre-pared surface which vehicles can use"。现代"road"通常是笔直铺装的道路，但历史上"road"被认为是偏远且没有被正式建设和维护的道路。欧洲城市中种植行道树的大街往往被称作林荫大道（Boulevards）和林荫街（Avenues），林荫大道源于巴黎城墙改造的休闲道路，林荫街则源于乡村之间种植树木的道路，随着城市的发展其逐渐融入城市内部，成为城市街道的主要形式。lane 和 alley 指的是与中国城市的"巷"相对应的小街道，lane 多指乡间小道，alley 则是指建筑形成的狭窄街巷。

中外传统城市从名称都可以看出，街道（street）特指城市内与建筑一体的通路空间，道路（road）特指城市之外以交通为目的的通行路径。街道强调其城市功能的丰富性和步行的特点，道路强调其通行能力，它的本质是承载交通量。它们的区别可以从街道的特性进行说明：首先，街道一定是城市、城镇内部的道路；其次，即使是城市内部，街道也一定是由两侧建筑围合的道路；最后，街道不是单纯用来解决交通的道路，一定是有城市其他公共空间功能的道路。近代"道路"一词的含义有所延伸，逐渐显示出包括"街道"在内各种城市道路的总体性概念。城市道路则泛指城市中所有道路类型。

第二节 传统城市街道的形成与变迁

一、中国传统城市街道的形成与变迁

（一）封建礼制棋盘格局中的皇权大道和市民街巷

中国的皇帝认为自己是上天的儿子，其居住的房子和城市是"天道"在地上的重现，暗含了"天、地、人"三才融合的观念。在中国传统哲学观念中，人身体的经络格局与居住的房子、房子与所在的城市、城市与国土、国土与上天都是一一对应、合二为一的，称为"天人合一"。另外，中国是一个以家庭为单位组成的国家，国即家的放大，封建社会时期，皇帝是一国之君，也是一家之主，所以中国传统城市的构建基础是"筑城以卫君，造郭以守民"，其实城市是一个封建大家庭的"大院子"。

中国古人在对于宇宙天体的认识中，逐渐形成了"天圆地方"的空间形态观念，城市（都城）按照星象与大地，和天空中的星系组织成一个整体，城市位于国土的中心。因为天为圆，地为方，所以地面上理想的城市为方形。城市周围由城墙围合，城中的皇宫位于城市的中心，围绕皇城布置市场及祭祀场所，南北向和东西向大道将城市空间分割成棋盘式的街区，街区内是基本居住单位——里坊，里坊内居住的则都是为皇室提供服务的臣民和工匠。这种城市格局反映了尊卑、上下、秩序和大一统的思想，这一理想化城市模式传承数千年，一直延续到清代。不单是都、州和府城的建设，中国大大小小的传统城市基本能找到这种建城思想的痕迹，周边地区和国家的城市形态也受到影响，尤其日本。正如郑晓燮先生指出的，虽有经常的继承发展，但"万变不离其宗"。典型的城市有北京、西安、开封等。

封建礼制背景下，中国传统城市街道，尤其都城，形成"皇权大道"和市民街巷两个体系。

唐代长安城封闭的里坊制度发展成熟。中国封建帝王在建城时考虑更多的是保护君主的安全和显示其不可侵犯的威严，而不是为城市居民的公共生活提供服务。封闭的里坊制度就是为了更好地统治民众而产生的城市组织形式。里坊制是从奴隶社会时期的"鄙邑"发展而来的。奴隶主利用井田制的方形地块划分方式，将奴隶的居住和生产也划分为一个一个的方形区域，由此形成了"里"（邑）这种居住和生产的土地单元，其不但是基本的农业生产单位，也是基本的劳动者生活居住单位。随着封建生产关系的发展，城市内的农业生产逐渐消失，里坊就演变为集中不同职业市民居住和工作的城市空间单位，不同职业的市民被划入不同的里坊内。隋唐长安城平面为方形，中轴线南北对称；大街东西9条，南北12条；南城墙有5座城门，其他位置城墙各有3座城门。全城南北大街和东西大街交错构成规则的棋盘状，共划分出108个里坊。坊内由宽约15m的十字形街道划分出4个大街区，再由宽约2m的十字形小街道划分出16个小街区，小街区内有更狭窄、曲折的"曲"出居住院落和房屋。里坊内部是由小街道和曲巷构成的城市生活空间，里坊外围是高2m的坊墙，并有深2m的御沟与大街相隔，居民通过坊门出入里坊，坊门早开晚闭，实行夜禁。从尺度上看，唐代长安的里坊更像一个周边由坊墙维护的独立市镇。

划分里坊的是城市的主、次大道。主要大道宽度大于100m，次要大道宽度多在40～70m。长安南北轴线朱雀大街宽约155m，被称为"天街"，从城墙南大门直达皇宫，皇城前面的东西向大街宽约220m，这是一个超大尺度的城市街道空间。城中的大街与里坊之间由坊墙和御沟分隔开，街道与两侧用地之间没有任何联系，这样宽阔的道路除了偶尔举行皇帝出巡和祭祀仪式外，平常很空旷，完全超出了正常的交通需要，故此称为"皇权大道"。唐代里坊内街道不具备商业功能，商业活动集中在东、西两个具有市场功能的里坊内，并且市场活动有时间限制。虽然后期有所改变，市场活动逐渐在坊内出现，但总体而言，唐代长安的城市内有"街"无"市"，街道空间功能单一，生活内容较少。

随着历史的发展，中国传统城市街道中的皇权大道（划分里坊的南北和东西大街）逐渐转变为城市大街，而里坊是其生活街巷的发源地。

宋代是中国传统城市街道空间发展的一个分界点，北宋东京（开封）的城市街道格局与唐长安有明显不同。城市中保留四条主要道路为御道，用红漆权子与其他行人道路分开，其专属性质已大为削弱。封闭的里坊制度取消后，尽管里坊作为一种居住划分的方式而存在，但坊门和坊墙没有了，里坊临街一面开满商店、酒肆，街道不但具有交通功能，还形成了繁华的商业街市，成为城市居民日常生活的公共空间。街道的宽度一般在30～50m，宋代以后的城市街道宽度有逐渐缩小的趋势。夜禁制度也随之取消，进一步繁荣了城市生活。北宋东京已经开始萌生出"大街小巷"的空间格局，街成为商业店铺集中的市场，小巷则作为各家住宅院落入口的连接空间。宋代张择端的《清明上河图》生动地表现了宋代城市街道和街道生活的场景。

到元大都及明清时期，北京城的街道分工就更为复杂。皇帝专用的御道主要位于城市轴线上重要的行政和祭祀场所，除了专用的大门平时禁止使用外，如果没有皇家活动，平民是可以随便使用御道的。城中通向城门的主要干道较宽，这些大道的交叉口往往是店铺、茶楼、酒肆集中的地方，形成集市如东四、西四、东单、西单等。另有由宽度较窄的次干道形成的商业街市，如王府井大街、大栅栏。与住宅连接的是宽度最窄的胡同小巷。

中国传统城市街道系统由皇权大道和里坊街巷演化而来，其中以通向城门的街道最宽，是城市的主干道，成棋盘式布局，街区内由胡同组成，胡同和大街垂直沟通，形成一套完整严密的大街小巷系统。

（二）"天人合一"思想对中国城市街道的影响

如果前述是"自上而下"的建城途径，那么结合地理和气候特点的建城途径就可以称为"自下而上"的途径。中国春秋时代的《管子》提出"因天材，就地利，故城郭不必中规矩，道路不必中准绳"的城市建设观念，主张从实际出发，不重形式，不拘一格。同时，在城市与山川自然环境的关系上，《管子》提出"凡立国都，非于大山之下，必于广川之上。高毋近旱，而水用足。下毋近水，而沟防省"的观念。以南京、苏州、杭州（临安）为例，其形制受《周礼》影响，同时又融合了自然地形的山环水抱自然肌理，是礼制规划与因地筑城理念的巧妙结合。由于和山水的结合，城市街道布局往往具有与水系结合的双重性交通体系。宋代以后里坊制度的废除，以及明清时期资本主义的萌芽都促进了江南水乡的城镇水网体系由"市"向"镇"自发生长，形成以水为轴的街市格局。

历经数千年，中国传统城市的营造理论已经把东方社会伦理和自然伦理紧密地融合在一起，形成"天人合一"的思想。农业文明是中华民族文化的发生根源，土地在古人心中拥有至高无上的地位，"家"的营建也意味着土地的获得。中国传统城市的棋盘状路网来源于井田制度的农田划分方式，并推广到城市乃至家院形态的各个层次。方形的城池形态也是中国人"天圆地方"宇宙空间观念的延伸。里坊制度则是封建家族礼制在城市管理上的空间体现。里坊内的街、曲、巷是中国传统街巷的原型。坊间的道路尺度逐渐合理化，随着里坊制度的取消，生成了城市街道。礼制与自然环境相结合，产生了中国江南水乡独特的"水陆"双重水乡街道体系，尽管带有自发结合自然环境生长的迹象，但空间哲学的主体依然是中国传统礼制城市布局思想。例如，1229年在宋代的苏州城的一块石碑上记录了当时这个城市的平面规划图，这是一个棋盘网格状的规划，但整体布局却表现出一种充满韵律的复杂性，没有刻板的对称、连续的直线或者千篇一律的地块分割。这个经过详细规划的城市，其街道与运河网平行，其中南北向运河有6条，东西向运河有14条，300座跨越运河的桥梁巧妙地组合在各个枢纽位置，形成"水陆"双交通系统，可以看到礼制规则和自然环境在这个城市里的完美交融。同样地，严格遵照礼制建造的都城，例如北京，同样把山水格局作为都市营造的一个重要因素，历经800多年，自然水系和礼制轴线融合在一起，和谐共处。

在这个融合过程中，中国传统城市形成独特的以院落为基本单位的空间组合方式。虽然院落规格不尽相同，但格局一致，通过自然或者礼制的街区组合，形成一个极其复杂的城市；全国分布的数百个城市以格局相似但又不同方式构成一个极其复杂的国家。中国传统城市的街道空间是连接庭院和城市的中间介质，它和城市及庭院是一个整体，任何一部分受到损失，其他部分也将失去存在的价值。它的和谐与美是整体存在的，残缺了就很难体会到它完整状态的壮丽。这种关系我们可以理解为"自然、城和人的统一"。

（三）中国传统城市的街道空间伦理

中国传统城市产生于奴隶社会，在汉代成形，唐代里坊制度成熟，于宋代转变，明清达到顶峰，文化核心一脉相承，其发展历史不会随着时间而慢慢消亡，反而在时间的长河中不灭不散。其发展过程中最大的转变就是封闭里坊制度的废除。城市大街和小巷的格局逐渐从文化的象征向满足城市生活需求靠近。

中国传统都城格局的形成是为了体现皇权的神圣。通往城门的大道与其说是百姓出入城池的通道，还不如说是展示皇家权威的空间。结合当时的历史情况，从侧面反映出统治者的执政理念。尽管封闭式里坊制度到宋代就已经被取消，但其形制已经深深植入中国人城市街道生活的空间哲学之中。中华人民共和国成立后的大院，以及现代城市所谓的小区都可以看作里坊制度在现代社会的重现，尤其大院不同单位、不同行业的划分，小区贫富层次的区分，这些现象和唐代的里坊制度极其相似。就如北方传统的四合院，中国的传统生活方式是内向型的，城市街道是"官道"，而院里才是属于百姓的私人空间，大街的喧嚣与小院的安静犹如两个世界。我们甚至可以得出这样一个结论：中国历史城市本质上缺少"公共精神（街道精神）"，虽然中国老百姓内心里的街道空间尺度在街巷层面上，但是更向往里坊（小区、大院）内部的街巷生活。

相较西方国家，中国人更注重内部私有空间的生活。庭院与街道之间较为封闭，而且院门往往在幽深的小巷内，进大门还要进二门，七拐八拐才能忽见一方天地。封建社会采取强权统治，压制公共活动，缺乏（并不是没有）公共生活，所以传统中国城市对公共空间要求不高。庭院内部别有洞天，街巷往往是山墙（没有窗或高窗）外的过道空间，四通八达且多为土地压实而少铺装。但街道的生活味道依然很浓，游街叫卖的商贩、热情招呼的邻里、玩耍的小童、大树下乘凉的劳力者，组合成一派热闹景象。主干道也很少铺装，人马嘈杂、尘土飞扬，民风的淳朴和交易的热情更能体现街市结合，例如前文提到的北京马市、果子市等。因此，中国人所谓的逛街在很大程度上是指去购物。

二、西方传统城市街道的形成与变迁

（一）古希腊罗马时期的弯曲街巷和网格规划

古希腊历史可以追溯到公元前 12 世纪，直至 146 年被古罗马所灭。古希腊是西方文明和思想体系的源头。古希腊自公元前800年至公元前750年就建立起众多奴隶制城邦或城市国家，其中以雅典市最为典型。海洋贸易造就了古希腊社会的海洋文明和开放的个人性格。亚热带海洋气候、美丽的自然风光、明媚的阳光、多山多石的环境养成了希腊人喜爱户外活动的性格。优越的自然环境培养了希腊人的哲学智慧，营造了积极健康的公共生活氛围。由于市民的大部分时间在公共空间和室外度过，因此他们对私密生活不是十分在意，希腊城市布局是不规则的，街道狭窄且弯曲，俭朴的住宅乱七八糟的挤在一起。很长一段时间，雅典城市甚至没有城墙和防御系统。与之相反，雅典城市内各种公共空间发展得却是异常发达，古希腊公共空间由建筑柱廊、广场和庄严宏伟的卫城组成，成为希腊人丰富公共活动的载体。古希腊人的物质生活并不丰裕，但他们拥有以丰富的公共生活为基础的充实的精神世界，可以说，公共生活是希腊文化主要的表现方式。在希波战争之前，希腊城市多为自发形成，在人本主义和自然主义思想的主导下，以神庙和广场（Agora）为城市中心，突出人的尺度和感受及同自然环境相协调。尽管雅典并没有非常明确的人工规划，但形成了以庙宇为主导的活泼多变的城市景观，取得了极高的艺术成就，其中以雅典卫城最具代表性。这一时期，希腊城市的居住环境街道弯曲窄小，但公共建筑群形成的变化丰富的广场空间让人印象深刻，是人们在城市生活的主要场所。

古希腊城市除了人本和自然的布局方式外，在理性思维的影响下，发展出网格规划城市的模式——希波丹姆模式。公元前5世纪，古希腊先哲希波丹姆在希波战争后的城市恢复建设中提出网格城市规划模式的观点。他以古希腊哲学思想为蓝本，在几何与数理中寻找其和谐关系，用规则的棋盘式网格构建城市框架，公共空间在城市中的位置明确，在城市的秩序中寻找美的规律。其典型平面由城市中心两条垂直大街交叉构成，中心广场在大街的一侧，广场面积非常大，要占据几个街区，但街坊划分一般比较小。大约在公元前475年，希波丹姆采用以上模式，主持了米利都城（Miletus）的重建。从此，很多古希腊城市都采取了希波丹姆模式进行规划建设。这种几何化规则的城市规划方式满足了殖民地快速建设的需要，也反映了新城市的秩序和理想，既不违背古希腊几何美学的原则，也在很大程度上满足了城市富裕阶层对城市中优雅和秩序生活的要求。

古希腊基于人本和自然主义的"有机"城市和理性主义的"网格"城市成为后世西方城市建设的范式。尽管两种模式下的西方传统城市街道空间形式、曲直大相径庭，但都是基于希腊文化的公共生活需求而建造的，这对后世西方街道空间具有决定性影响。

古罗马是西方奴隶制国家发展的最高阶段，公元前5世纪建立起共和政体，随后进行扩张。到罗马帝国时期，版图扩大到欧、亚、非三洲，首都罗马的人口达到百万。罗马人在思想上基本继承希腊人，是希腊哲学的延续，所不同的是，希腊城邦是建立在人本思想基础上的，而罗马国家的存在是基于强大的军事力量。不同于古希腊哲学对智慧的追求，罗马人追求现实的幸福和满足享乐的种种现实技术。古罗马没有留下深刻的哲学思想，但是在技术使用方面建树颇丰，这一时期的几何、天文、力学、建筑、地理、历史和文学方面成就辉煌。在罗马人伊壁鸠鲁的"快乐主义"思想下，罗马人的社会思想全面庸俗化，更崇尚物质及享乐。古罗马时期的城市规划延续了希波丹姆模式，城市中神庙的中心位置被公共浴室、斗兽场、宫殿、府邸和剧场所代替，不同于古希腊城市的俭朴和精神生活的丰富，罗马城市呈现出难以想象的奢华。罗马帝国时期以后，城市成为统治者炫耀功绩的工具，广场、雕像、凯旋门和纪念柱成为城市的核心和焦点。街道、广场由希腊时期纯粹满足公民公共生活完全转变成为帝王歌功颂德的纪念性空间。罗马城市虽建设辉煌，却缺乏健康的城市文化，城市物质繁荣却精神匮乏。同时，辉煌的城市成就只是为了满足统治者的物质享受和虚荣，对市民的生活没有太大改善。古罗马城市规划强调城市公共空间秩序感的建立。古希腊城市街道及广场表现出不规则和自由凌乱的状态，而古罗马城市街道和广场被塑造为城市中最整齐壮观的巨大开放空间，其娴熟地运用轴线、对比和透视的手法，建立强烈的人工秩序感。古希腊城市是以人的尺度为基础而建立的，古罗马城市则是采用"超人"的尺度，建立起具有崇高感和震撼感的公共建筑和空间。古罗马时期的网格城市多是基于战争需要建立起的要塞，军事化色彩明显，城墙、护城河防御系统和道路、桥梁、排水基础设施完善。古罗马时期大量建造的军事要塞，其基本格局是正方形平面，呈南北走向，中心十字交叉的路口正对四面街道和城门。今天，欧洲大约有130个城市是由军事要塞发展而来的。欧洲古典时期城市形态为后续城市发展奠定了思想和实践基础。正如欧洲有句谚语："辉煌归于希腊，伟大归于罗马"，古希腊自然街巷和网格路网是欧洲城市激情四射的公共精神的光荣起点，而古罗马给西方传统城市尤其都市带来的是伟大的纪念性。

（二）中世纪城市街道的宗教图景与自然秩序

罗马帝国衰败后，最终分裂为东罗马拜占庭帝国和西罗马帝国。地处欧洲的西罗马帝国于476年被日耳曼人摧毁，欧洲文明进入黑暗时期——中世纪（5—15世纪）。中世纪早期（5—10世纪），西欧处于社会与文化极端破败的状态，基本能达到自给自足的农耕自然经济时代。落后的自然经济使城市失去发展的动力，原来的大城市也极度衰败，罗马城人口由极盛时期的百万人降到了4万人。严格地说，10世纪前，西欧的城镇和城堡不是实际意义上的城市，当时的大部分城镇和城堡人口只有100—1000人。城市规模受到周围土地供养人口数量的限制，城镇的原型是从农田的划分开始的。例如，意大利古画中的比萨古城，城堡处在重要位置，街区原本是农田地块，这直接导致周边逐渐被民居围合，一些较大的耕地则被分割成几个地块，逐渐形成城市组成的重要因素。这个时期由于战乱导致人才匮乏，很少有关于中世纪城市建设方面的人物记载，城市基本上没有规划设计。城市是以一种自发的演化方式成长起来的，我们可以定义其为"自然主义"城市。同时，由于经济能力有限，城市发展速度缓慢，很少有大规模的短期建设。恰恰是这种类似无为而治的发展方式，促成了中世纪欧洲城市独特的形态特色。这种发展方式下的城镇接近人性尺度，规模都不大，弯弯曲曲的街道形成丰富的空间变化。中世纪城市主要有三种类型：城堡、军事要塞和商业港口。军事要塞城市是在原有的网格路网基础上自发成长的，形成独特的、明显对立的网格和有机两种城市形态共存的方式。法国巴黎在中世纪就是在罗马营寨城——塞纳河上的城岛基础上发展起来的。巴黎在中世纪几次扩大城墙，当时的街道狭窄曲折，居民房屋多为木质结构，沿街建造，十分拥挤。

欧洲中世纪基督教对社会的影响力巨大，甚至凌驾王权之上。基于此，城镇的中心由教堂占领，社区与教区合为一体。几乎所有不同规模的城堡和城镇都呈现一致的格局，在城堡和教堂前面形成半圆形或者不规则形的建筑围合的广场，构成城镇的公共活动中心，街道以教堂和广场为中心向外像冰裂纹一样辐射，逐渐在城市中形成蛛网状、自然曲折的街道网络。城堡和教堂占据制高点，构成城市秩序的中心。城镇中除了城堡和教堂的主要角色外，其他部分像迷宫一样，没有明确分工，各行各业基本和居住区混杂在一起。城镇之间都是由放射形道路连接，城镇总体布局自然，这是后来欧洲城市总体形态多呈现环形和放射环状的原因。

中世纪城镇充分利用地形和河湖形成不同的平面布局，街道和广场尺度宜人。例如，意大利锡耶纳城，坎波广场是城市街道汇聚的中心，街巷的窄小弯曲和中心广场的空间开阔形成强烈对比，让城市空间的流动具有了戏剧性效果。城镇中弯曲、狭窄而且多变的街道消除了狭长的单调感，街道空间收放自如，自然形成很多精致的小空间，给步行的人带来无比丰富的动态体验，永远不会给人以乏味的感觉。同时，每个城镇都有属于自己的色彩特点，例如，热那亚的黑白色、巴黎的灰色、锡耶纳的红色等。这些特征都得益于基督教自律精神的熏陶，形成城市内在发展的一种秩序。尽管没有规划，但在这种秩序下，每一栋建筑都平和谦虚地和其他建筑融为一体，街道把建筑组织成群体，每个建筑的立面都与左右发生关系，很少有孤立的一员突出自己。高耸的教堂表达了崇高无上的宗教精神，与广场、市场一起形成城镇的精神中心和生活舞台。表面上杂乱的城市，其背后流露出一种整体和有机的秩序，所以中世纪的城市给人一种非常统一的美感。

社会的衰落反而催生了完美的城市作品，中世纪传统城市艺术是西方城市发展史中对今天城市非常有借鉴价值的一部分。

（三）文艺复兴巴洛克城市的直线街道、对角线和放射路

文艺复兴是意大利城市在 14 世纪至 15 世纪兴起的一场思想文化运动。文艺复兴在形式上是欧洲人重新发现了古希腊哲学艺术的辉煌，本质上是资产阶级开始登上了历史舞台。人们开始冲破宗教的禁锢，用唯物、科学和人文的思想反对禁欲和蒙昧，提倡科学和

理性，主张个性解放，和古希腊的人本主义思想非常接近。文艺复兴人文主义思想的核心是肯定人生，焕发对生活的热情，争取个人的全面发展，关注美，热爱大自然。这种思潮催生了大量艺术、建筑和城市作品，同时大师级人物层出不穷，如乔托、米开朗琪罗、拉斐尔、阿尔伯蒂、封丹纳等人一起形成了一股文化浪潮，推动了欧洲艺术、建筑和城市的发展。维特鲁威的《建筑十书》、阿尔伯蒂的《论建筑》和帕拉第奥的《建筑四书》成为当时建筑学学生的必读教材。建筑师阿尔伯蒂继承了古罗马维特鲁威的思想，理性思考城市发展，致力体现秩序、几何规则的理想城市的探索。

文艺复兴之前，基督教主导城市的发展，城市的主导元素是教堂和王宫。随着资产阶级的成长，他们的财富使府邸、市政机关、行会大厦等新建筑纷纷出现，并与教堂一起占据了城市的中心位置。

16世纪末期，巴洛克风格的建筑与城市开始在欧洲流行。古典艺术的雅致和几何学的表现力满足了新贵族和君主追求享乐和建立新社会秩序的诉求。中世纪自然肌理的城市被当作混乱、肮脏的象征，在对其改造的要求下，巴洛克城市风格开始登上历史舞台。它善于利用矫揉造作的方式产生奇特的视觉效果，烘托神秘的教会权势。城市规划在形式上采用几何美学为中央集权服务。巴洛克城市与中世纪欧洲传统城市中自然和有机的空间格局不同，它将古典建筑理性的几何美学应用在城市设计中，采用轴线强化城市的秩序感和整齐划一，城市的景观序列非常富有动感和整体性。环形广场加放射路线是城市街道网络的主要模式，并在对角线节点处设置高耸的对景标志物作为城市空间的转折和过渡。直线街道空间追求宏大的场面，成为当权阶层展示军事力量和奢华生活的秀场。芒福德曾评论："巴洛克城市，不论是作为君主军队的要塞，或者是作为君主和他朝廷的永久住所，实际上都是炫耀其统治的表演场所。"

17世纪的罗马改造是最典型的巴洛克城市规划方式。封丹纳受教皇委托对罗马进行改造规划，他用笔直的道路、宏伟的广场和喷泉、雄伟的城市轴线，以及方尖塔为城市建立了强烈的视觉系统，使罗马城市实现了难以描绘的壮丽景象，这一改造迎合了教廷建立中央集权帝国的需要。

文艺复兴后期，城市规划设计已经成为权贵们表现政治理念和艺术主张的工具，欧洲中世纪住宅和街道之间的亲密关系开始逐渐分离。但是，文艺复兴时期城市规划思想和艺术成就对后世城市规划也产生了巨大影响。

（四）绝对君权下的古典主义林荫大道

古典主义是文艺复兴后期与巴洛克平行的另一种艺术倾向，文艺复兴对神权的抨击在法国促成了君权的膨胀，它是巴洛克风格在绝对君权的法国的延续和演变。同时，发源于法国思想启蒙运动的理性思想成果和绝对的君权结合起来，古典主义思潮得以形成。古典主义是唯理主义的直接产物，它的支持者认为客观世界是可以被认知的，因其发现古罗马文化中蕴含着这种超时代和民族的绝对规则，古罗马君权主义得以复活，并被赋予"古典主义"的称号。古典主义反对巴洛克的矫揉造作，崇尚古罗马城市宏伟震撼的空间氛围，追求城市道路空间的对称、几何结构和数理关系，用轴线和空间的主从关系强调至高无上的君主权力。

由于城市改造成本高昂，这种新的唯理主义秩序出现在法国古典主义园林中。古典主义建筑和城市规划师发现了法国古典主义园林中规整、平直的道路系统和圆形交叉点的美学价值，很快就把它应用在城市空间的规划中，并得到君主的支持。路易十四时期建成的正对卢浮宫的城市轴线一直作为巴黎的城市中轴线。凡尔赛宫更加完整地体现了古典主义城市设计的理念，宫殿位于园林向着城市的一端，成为城市与园林构图的重心，三条成50°夹角的放射大道伸展向城市，让人感觉凡尔赛宫就是巴黎甚至法国的中心。凡尔赛宫一条长达3km的中轴线由水渠和两旁修剪整齐的树列延续到无限远处，建立起宫殿和城市充满秩序和宏伟的空间关系。

拿破仑三世时期的巴黎改造是古典主义城市规划的巅峰之作。当时的行政长官奥斯曼被授权主持这项庞大的工程，包括道路和排水系统的改造，以改变巴黎狭窄、衰败的状况，来满足经济发展及政治稳定的需要。空阔的街道方便交通，也便于应对巴黎经常发生的革命暴动，宽阔的道路更方便军队和重型武器的迅速调动，避免了暴民利用狭窄街巷与政府军对抗。奥斯曼采用了古典主义手法，扩展和新建造了数条林荫大道，重新梳理了巴黎的道路网络，加强了道路网络之间的联系。首先，利用城市中心两个十字交叉的主干道路，强化巴黎东西方向和南北方向的贯通能力；其次，修建环城道路，即内环路和外环路，把巴黎的交通网络连接成一个整体，为现在的巴黎交通建立了基础。

林荫道是现代城市道路的雏形，它具备林荫步道（sidewalk）和"快速车"（马车）道（road-way）两个组成部分，两侧的商店满足人们购物和活动的需要。由于宽度远远超出传统西方城市街道的尺度，尽管林荫道也容纳了城市生活内容，但缺乏围合的感觉，与传统城市街道已经开始有所区别。

（五）西方传统城市的最后辉煌：资本主义纪念性大道体系

巴洛克和古典主义风格城市在美洲大地催生了美国的城市美化运动，造就了西方传统都市最后的辉煌。麦克米兰在朗方于1791年所做方案的基础上进行的首都华盛顿规划是第一个大规模的遵循城市美化运动原理规划的城市。在朗方原规划的基础上，麦克米兰重新诠释了华盛顿规划，构建密度更大、更趋于建筑化和几何化的城市街道形态。其规划强调了城市街道系统纪念性轴线的几何与形式化，更突出城市的纪念性和气势宏伟的效果。

芝加哥世界博览会建设是城市美化运动的标志性事件。以伯纳姆为首的设计者采用古典主义风格和奥斯曼改造巴黎"宏伟格式"林荫大道的手段，以公共设施和纪念建筑为核心组织林荫路、广场和干道，通过纯粹和壮丽的工程建设美丽的城市，向全世界展示了一种新兴国家的形象。这种风格与德国和法国一些热衷技术和工程学设计师的城市街道改造方法相似，都是向古典主义看齐，追求气势宏伟的城市形象和美学形式。1909年，伯纳姆发布了芝加哥城市规划，这个规划延续其风格，设计了一个放射形加同心圆的公路系统，城内对道路进行拓宽，路口架设立交桥，费尽心机地设计了一个复杂的、有公共纪念物点缀的道路基础设施体系。伯纳姆的努力得到投资人的支持，虽然城市美化规划和芝加哥规划很少考虑住房和社会改革的内容，但人们都被规划中体现出来的工业民主的英雄城市大规划所感动。城市美化运动目的是利用形式美的城市空间去影响社会的良性发展，但它存在无法避免的局限性，那就是它是特权阶层乌托邦式的规划游戏，巨额花费换来的都是巨大的城市雕像，装饰性远大于对城市问题的考虑，尤其欠缺对普通城市居民的生活和工作环境的合理安排。

城市美化运动是西方传统城市（尤其都市）建设在工业文明发展前夜的最后辉煌，对现代城市规划和设计影响深远。它是巴洛克和古典主义城市形式美学思想和资本主义新兴国家政治和经济欲望结合的产物，并将其城市建设和改造理念发挥到了极致。城市道路系统的构成仍然没有脱离展示社会主导阶层伟大理想和欲望的作用，形式美和戏剧化效果是其追求的主要目标，城市大道是城市空间的主角，街道逐渐退居幕后。

三、传统城市街道时代的终结

中国汉语中的"城"字有两种含义，即"城墙"和"城市"。城墙对于中国人有特殊意义，在中国古代，城墙就是城市的代表，先修筑城墙，然后才有城市，城墙除了有防御功能外，它的规格和范围代表了城市的等级。由于等级分明，城市发展不会冲破城墙的限制。城墙、城门和权力中心决定了城市的结构，街巷格局已经被划定，在城墙内部逐步得到完善。城市是皇权统治的象征物，胜利者为了建立新的社会信仰和秩序，一旦权力更迭，便往往会将前朝的城市变成一片废墟。

中国文化的发展是一脉相承的，中国传统城市街道在同一种文化背景下历经数千年，发展成为一个完整的体系。在这个文化体系中，尽管朝代更替，但皇权向来都没有被替代，祖宗、神灵和平民百姓各得其所。城市公共空间承担了百姓的日常生活和皇家的礼制活动。严格来讲，皇族是百姓的家长，紫禁城是最大规格的四合院，中国传统城市是一个院落的组合，居住空间是城市中的主要角色，城市的中心永远是皇帝居住的院落，城市街道空间位于次要位置；而西方城市刚好相反，街道和广场是城市的首要空间，居住建筑反而是次要的。东方哲学思想下的居住空间、城市街巷和人是一个和谐的整体，在这里，人们不但很容易辨别自己的空间方位，而且可以清楚判断个人的社会方位。

英语中"urban"（城市、市政）来自拉丁语的"urbs"，其原意是指城市生活；"city"（城市、市镇）的含义为一种公民权利，是指享受公共权益的地方，它的衍生词如"citizenship"（公民）、"civil"（公民的）、"civilized"（文明的）、"civilization"（文明、文化）等都说明城市是公民组织的高级状态，是安排和适应这种生活的一种工具。

虽然西方城市也有城墙，但其没有象征城市的意义，反而是西方传统城市的中心在城市中具有重要意义，它不但是城市街道汇聚的地点，而且是城市精神的代表和城市生活的舞台。西方城市往往是在中心确立后逐步扩展的，巴黎是从中世纪开始经历数次扩张而形成。随着社会文化主体的变化，西方城市中心内容不断变动，首先是古希腊的神庙，其次是古罗马的娱乐场所，中世纪的城堡、教堂，文艺复兴时期威尼斯的市政、行会和公用设施建筑，还有君权时期下巴黎的宫殿和古典园林。不同时期的城市中心代表了一个时代不同的价值观念和生活方式，平民、君主和神灵相互交替、融合。得益于文艺复兴时期大师们尊重历史的传统，西方大量城市保留着各个历史时期的发展遗迹，一座罗马城就是一幅记录罗马历史的长卷。在佛罗伦萨的城市中心和威尼斯的圣马可广场，我们可以看到不同历史时期在一个城市中心留下的印迹。

西方传统城市街道从古希腊文化中传承了公共生活习惯，弯曲质朴的有机形态在中世纪发展成如画一般美丽的步行城市街道和广场（公共空间）系统，在这里，城市街道是人们生活和交往的场所。古罗马纪念性城市公共空间在文艺复兴后期以巴洛克和古典主义方式重新出现在欧洲城市，气势恢宏的林荫大道、两侧宽阔的步行空间和适宜的建筑围合使其仍然保留着城市街道的属性。

现代工业文明出现之前，东西方传统城市保持着各自完整的城市街道体系，这些体系都是以步行为主、车马为辅的慢行体系。它是集循环的路径、公共空间和临街建筑三种角色于一身的城市空间要素，缺少其中任何一种都不能称其为"街道"。除去纪念和炫耀的"超人"成分，城市街道尺度大部分是以人和车马为参照。而且城市街道构成方式是与社会内在机制紧密联系在一起的，无论是城市的局部还是城市整体被毁坏了，只要这种内在机制没有被破坏，城市街道的格局就能很快恢复原貌。现代工业文明的代步机器不但改变了人类的行进和载重方式，而且破坏了传统社会的内在机制，作为街道所需的三种空间角色的统一也不复存在。它的到来宣布了城市街道历史的终结和城市道路时代的来临。

但是不用担心，街道作为传统城市的遗产，依然会在现代城市中存在。只不过，不管你用什么理念营造现代城市道路系统，都很难再和传统城市中的街道相提并论。这不是对城市未来的悲观预测，而是在城市发展背景下考量城市公共空间的演化机制，传统城市街道是在低技术水平和强权（神权和皇权）思想下形成的，现代城市强权的逐渐消失和技术至上的思想改了城市公共空间原有的平衡，而未来我们应该回归人文关怀，探索城市公共空间的和谐之路。

第三节 现代城市道路的产生与发展

一、现代城市道路的概念解析

现代城市中的道路担负着城市内部各区域的连通任务，同时兼顾与城市外公路连接的对外交通功能。城市道路功能比公路复杂，为满足城市交通和活动方式的多样性，为人们出行负责，城市道路除了需要划分出各种车道（主要是机动车道和非机动车道）外，还必须保留人行道，以方便步行者通行和与临街建筑连通。城市道路是强弱电、暖气、煤气、给排水及其各种管线埋设的场所。为保护城市环境卫生，美化城市，需布置绿化带和休闲绿地，同时，城市道路还包括自身的照明和信号系统、音响、广告、消防和交通指示、安全设施等。现代城市道路除了交通和空间功能外，城市照明、电力、暖气等系统的大量管线需要铺设在道路下面，所以城市道路也是城市的综合基础设施，它的复杂程度不逊色于任何城市建筑物。

本文所讲的现代城市道路概念主要区别于传统城市街道，是工业革命后城市发展的产物。其标准是以汽车为主要因素，兼顾城市其他交通内容的，规范化、标准化、等级化的道路系统。现代城市道路与传统城市街道最大的区别在于临街建筑不再是必要的构成元素。城市道路与城市建筑的关系不再紧密，城市建筑也不再是简单的三维空间体块，它可能占满一个街区，其内部也可能存在一个道路系统，这个系统是脱离城市道路独立存在的，所以现代城市综合体，包括中国式居住小区，其内部道路都不在本书的讨论范围内。

二、现代城市道路系统产生与发展

（一）工业革命带来的城市问题，引发对传统城市街道的改造运动

现代城市文明的出现得益于中世纪后期西方国家殖民与贸易的发展。商业发展促进欧洲城市市民阶层的形成，并以行会的形式组织起来构成城市管理力量，逐渐形成公民社会的三个要素：市场、市民和政府。17 世纪后期，欧洲资产阶级通过社会革命的方式真正走上历史舞台。个人的解放和资本主义制度为工业革命扫清了道路，而工业革命是人类社会从传统社会到现代社会转变的最后一个阶段。工业革命起源于 18 世纪的英国，在工业生产领域的生产工具、劳动方式，以及经济组织各个方面发生了巨大变革。工业革命极大

地促进了人类社会的发展，从社会到物质都呈现出了飞跃式的发展。

工业革命彻底改变了传统城市生产和生活方式。随着工业化发展和产业的聚集效应，工厂和人口都向城市聚集。1801 年，英国全国城镇人口大约占总人口的 20%，到 1901 年，这一比例上升到 80%。伦敦人口数量由 1800 年的 86 万增加到 1900 年的 453 万。伦敦城市面积从 1600 年到 1726 年扩大了 12 倍。传统城市无法满足迅速聚集人口生活的需要，导致城市交通拥堵、公共卫生设施严重不足、社会治安混乱等城市问题，英国的情况最为严重。不断恶化的公共卫生情况促使欧洲各国开始关注城市环境和基础设施的建设，相继出台法令改善城市的居住和交通环境。

由于法国的皇权力量强大，1853 年展开的巴黎改造工程改善了上层阶级的居住环境，包括去除城市贫民窟、拓宽道路、改善城市给排水设施、疏通交通、提高军事行动能力等，这其中道路环境的改造最为明显，上文中已有详细介绍。巴黎改造对欧洲各国首都建设产生了很大影响，促成各国改造计划的产生。

1875 年，英国公共卫生运动促成了"街道法令"（Bye-law street）的形成。该法令为居住街道的宽度制定了 12—15m 的红线标准，宽阔笔直铺装的街道给人以耳目一新的感觉，两旁整齐排列 2~3 层的砖房独特的设计给人的感觉别具一格，尽管这种街道方式单调乏味，但对解决当时拥挤阴暗的街道环境很有效果，所以很快在英国的工业区形成很多新式街道组成的小镇。开发商乔纳森·卡尔在伦敦贝德福德园的建设中改进了"街道法令"，红线宽度不变，但增加了行道树和人行道的设置，使小镇成为吸引人的社区。

面对严重的城市问题和社会矛盾，西方国家众多学者纷纷进行研究，力图通过改造城市物质环境来解决问题和矛盾，建立一个和谐、高效、新型的城市社会。1898 年，英国社会学家霍华德出版了影响巨大的著作——《明天，一条通往真正改革的和平之路》，其中提出的田园城市理论试图通过城乡交融的方式对工业城市带来的问题进行改良。田园城市理论是当时所有城市蓝图中最受关注的一个，被普遍认为是世界上第一个完整的现代城市规划思想体系。霍华德的田园城市是一个全新的、不同于传统城市的新型小镇体系。城市平面为圆形，六条从中心向外辐射的主干道把城市分为六个扇形区域，圆形的中央是城市公园。其公共建筑布置在核心区域，城市半径外围 1/3 处设立一条环形林荫大道，依托大道形成环形绿地，两侧为居住用地。城市严格控制规模，当人口规模扩大，采用卫星城市的方式疏散人口，逐渐形成田园城市群。1903 年，在霍华德的指导下，建筑师昂温（R. Unwin）和帕克（B. Parker）设计建立了第一个田园城市——莱契沃斯（Letchworth）。1919 年，第二个田园城市韦林建立，规划的主导部分是一条宽 60m、长 1.2km 的公园道，成为城镇最吸引人的部分。

随后在一系列花园城市建设中，昂温的街道设计没有严格遵守缺乏变化的"街道法令"，实践了一系列富有变化的街道形式和结构，以体现田园城市运动所倡导的社区理念。

在指导汉普斯特德花园郊区建设时，他提出庄严的广场、放射状的街道、笔直的大道等观点，保持了它们的整体性，使其成为一个组织的骨架体系，而那些纵横交错的道路则构成了社区的肌理。受昂温的影响，地方性法规免去对其在汉普斯特德规划时的道路限制，同时，建筑基线和街道基线可以彼此分离。

昂温成为田园城市运动的代表人物，他的实践和理论影响深远。他的著作《城镇规划务实》（*Town Planning in Practice*）是一部集西方城市建设精华于一体的城市设计权威论著。他对于街道的概念是现代的，而不是现代主义的。昂温的观点是一种折中态度，他是传统城市和现代城市矛盾的化解者。在他的著作里，清楚地说明了他的思想受德国新中世纪主义影响，认为随观众眼睛移动的一系列联系变化的城市美丽图景所构成的街道设计是一名城市规划师的艺术基础，他倡导如图画般美景一样对街道进行设计。他认为街道设计是一门艺术，无论是摩天大楼，还是汽车的出现，都不能作为改变街道功能的理由。《城镇规划务实》明确了街道对空间感知的结构作用和结合道路构成卫生设施体系的可能，成为当时促使街道设计发展的动力。

面对工业化给传统城市带来的问题，早期城市实践活动有空想也有雄心。在这个过程中，传统城市的街道开始面对早期的"宏伟风格"改造，使用古典主义的手法解决现代工业化问题。虽然这种过渡性改造在一定程度上破坏了中世纪传统城市的格局，但也确实改变了城市阴暗肮脏的面貌。同时，因改造的根源并没有脱离其文化体系，故在今天看来，奥斯曼以后的巴黎似乎更加成熟和完善。

新型小镇的社会改革探索为现代城市发展提供了一条人文主义道路。从昂温的思想中我们看到城市现代化和现代主义之间的区别，他的探索为现代城市提供了一种温和的、风景如画的郊区小镇街道方式。现代城市中依然可以看到这种细腻的街道空间存在于现代道路体系中。

（二）现代城市交通技术的发展

传统城市交通工具主要是畜力车、马车和马匹，伦敦城曾有 200 万匹马作为交通工具，虽然马匹和马车对道路状况的要求不高，但牲畜也是城市的主要污染源。

19 世纪初，城市出现了铁路，铁路极大地促进了工业发展，也改变了传统城市的发展模式，很多新兴城镇沿铁路产生，城市无序扩展，使城市问题更加严重。火车出现的早期曾造成道路发展的停滞。

19 世纪末，在城市里出现了地铁、有轨电车、电车和轻轨铁路等运输方式。新的运输方式要求固定的运行线路。随着城市卫生运动的发展，给水和排水技术也逐渐成熟，其地下铺设的方式需要城市道路空间的配合。法国巴黎奥斯曼改造工程就是在城市供水污染、排水系统不足和大片贫民窟需要改造的情况下提出的，在拓宽道路的同时，很好地解决了城市供水和排污的问题，甚至今天的巴黎依然受益匪浅。

自行车于 1580 年被发明，直到 1877 年，低后轮安全自行车出现后才逐渐被大众接受，1890—1895 年被称为"自行车狂热的年代"。尽管自行车不是自动车辆，但其是典型的工业化大规模生产的产品。谁也想不到，自行车的流行最早促进了公路建设的发展。1880 年成立的美国自行车联盟不断游说议会，最后促成了公共公路办公室的成立，也就是美国公路建设管理部门的前身。

20 世纪之前，碎石路面是当时世界上公认最优良的路面技术。岩沥青作为最先进的路面结构，于 1850 年前后被法国首先用于道路建造。美国很早就引入岩沥青筑路技术，截至 1900 年，纽约市岩沥青路面面积达 2.5 万 m^2。1871 年，美国人用砂、碎石和特尼里特湖沥青作为路面实验成功，并取得专利，这是近代热铺湖沥青路面的开始。为了适应汽车荷载的需要，美国人在混合料中加入了碎石，发明了 Warrenite-bitulithic 路面，即如今的沥青混凝土路面。从此，沥青混凝土逐渐发展完善，成为现代城市道路及公路的主要面层材料。

汽车是工业革命最具代表性的发明，它的产生和发展贯穿了整个工业发展的历程，它的逐渐完善是整个工业体系发展的结晶。从 1766 年英国发明家瓦特改进蒸汽机开始，一系列工业发明都不断应用到汽车的发展上。1885 年，以汽油为动力燃料的汽车面世。随后，气压轮胎的发明（1887）让汽车工业真正开始兴起。20 世纪早期，汽车在美国还很少见，截至 1914 年，美国汽车的数量超过了马车的产量。早期汽车由于和马车冲突，曾经被立法限制使用。1911 年，福特公司赢得专利官司，美国最高法院允许各汽车厂可以自由制造汽车。随后，福特公司生产出价格低廉的 T 型汽车，让汽车真正成为现代交通的主角。

20 世纪 30 年代末，汽车已经完全统领了道路交通，作为人类主要的交通工具迅速发展起来。

尽管汽车诞生早期受到限制，但当汽车被广泛接受后，其为普通家庭带来了交通进步和新的娱乐、旅行方式，它使远离城市中心和铁路发展新城区成为可能。汽车促进了公路的发展，更好的路况激发汽车制造者研发更加灵敏、快速的汽车，这反过来要求更高的道路建设标准，从此，汽车和道路成为一对互相促进发展的因素，也逐渐发展成为现代城市最令人头痛的问题。

（三）现代主义道路系统的缔造者

勒·柯布西耶是第一个公开宣布城市街道时代将要终结的建筑和城市规划专家。他是现代城市运动的主要倡导者，是影响现代建筑与城市规划的重要人物，对西方城市与建筑的机械美学和功能主义形成及发展起决定性作用。他把建筑视为居住的机器，认为城市应该有明确的功能分区。1922 年，他发表了著作《明日城市》，并在巴黎展出了他的设计和规划的作品，展品全面展示了他对现代城市规划的诠释和展望，是世界第一个完整的现代主义城市规划展览。他阐述了对巴黎传统城市的看法，认为传统城市的空间格局不能适应现代社会发展的需求，必须利用现代主义的功能理念对其加以改造。他提出改造城市的思路是：按功能将城市划分为工业区、居住区、行政办公区和中心商业区等；城市中心布置摩天大楼，降低建筑密度；建筑用地面积不超过城市用地的 5%，其他土地用作绿地和公共空间；城市道路系统要根据运输功能和车行速度分级别设计；主张采用规整的棋盘式道路网，高架桥或地下隧道等多层交通系统，各种工程管线与道路进行一体化设计。

柯布西耶推崇汽车和现代技术，以及美国的直线格栅城市，认为中世纪的弯曲街道是"驮驴小道"。准确地说，柯布西耶的现代城市道路是为机动车设计的高架路网，人在地面活动不再需要街道，也不存在街道。柯布西耶声明："为了生存，为了呼吸，为了栖居的家庭，现行的街道概念必须废除：街道已死亡！"柯布西耶非常重视大城市交通运输的重要性，他认为"一个为速度而建的城市是为成功而建的城市"，并提出"所有现代的交通工具都是为速度而生的，……街道（道路）不再是供牛车通行的路径，而是交通的机器，一个循环的城市器官"。

柯布西耶的设想是建立一个立体化快速运行的道路系统，和市政设施以及其他交通方式连接成为一个体系，像人身上的血管一样，是一个分级和标准化的城市器官。柯布西耶的理论和霍华德的田园城市同样是为了应对工业化给传统城市带来的问题，只是柯布西耶的光明城市是在物质层面直接面对工业化发展对城市提出的需求。

柯布西耶的理论并不是空穴来风，他所倡导的是一个时代先锋观念。他对道路多层体系的设想早在奥斯曼巴黎宽阔干净的大道和伦敦泰晤士河地面下的燃气管、电缆、给排水管的建设中，以及纽约中心铁路和伦敦的地铁中得以体现。当时的欧洲充斥着对传统狭窄、缺少空气和阳光的街道的厌恶，柯布西耶的理论只不过是这种思想长期传播和改革思想运动的漫长历程中的最后一步。对于柯布西耶未来街道的展示，英国规划专家 S. D. Adshead 在 1930 年说："尽管勒·柯布西耶式的城市不可能建设，但我们还是相信中世纪建筑家们'老牛拉破车式'的方法，即使是由西特等历史主义城市规划的先锋，也将不得不让位于柯布西耶所制定的机动车交通的标准。如果将来的城市要容纳百万人口而不是几十万人口，很显然今天的城市是不能胜任的。"

尽管柯布西耶本人对自己的理论整体实践的机会并不多（1925 年，他为巴黎所做的伏瓦生规划由于太激进而被拒绝），但随着 1933 年主持制定的《雅典宪章》其对现代城市规划的思想开始影响世界其他城市的建设。

《雅典宪章》被认为是"现代城市规划大纲"。它的核心理念就是对居住、工作、游憩与交通四种城市基本功能的认定和规划的方法。其中关于交通与街道问题的表述可以总结为：传统城市街道是为步行而设计的，已经无法满足当下城市交通工具（汽车、电车）和交通量的需要；传统城市中道路狭窄造成交通拥挤，除拓宽外，还要按功能分类建设，这样才能满足机动化交通工具速度的要求。《雅典宪章》是现代汽车城市的宣言书，宣言之后的几十年是汽车在欧洲城市迅速发展的时代。20 世纪 50 年代，柯布西耶在印度昌迪加尔实现了他的规划理想，并且影响了当时很多新兴城市和欧洲战后城市复兴的规划方式。从此，现代道路系统正式进入历史舞台。

三、现代城市道路系统的分类与功能

交通在城市中的地位越来越重要，其技术的不断发展催生了对道路交通专业化的需求。20 世纪 30 年代之前，道路工程师中很少有人能够区分道路建设技术和交通规划的基础知识。1930 年，耶鲁大学开设运输工程专业课程，直到 1942 年，第一本《交通工程学手册》在美国出版，成为交通专业实践的基础。

1922 年，勒·柯布西耶出版的《城市主义》一书中，用图示描述了他的现代主义道路分级结构和未来城市道路的图景。他提出，应该建立起等级化的道路系统来加速交通的流动。在这个 7 级的道路系统中，交通流从最高级的城际高速公路 V1 向下分流至本地道路，最终导入最低等级的路径类型 V7，即环绕建筑的步行道。1950 年，他把自己对道路分级的方法应用在印度昌迪加尔的规划中。

1942 年，艾伯克龙比首次系统地将功能分类的思想贯彻应用在大伦敦规划中。1963 年，科林·布坎南在其研究报告中明确提出城市道路网分级和组成，后被英国、美国《道路规划手册》采纳。

美国的城市道路分类方法具有代表性，根据道路的特征和条件分为高速路和快速路（freewayand expressway）、主干道（primary arterial）、次干道（secondary arterial）、集散道路（collector）、地方道路（local）五个等级。从快速路到地方道路，可达性要求逐渐提高，通过性要求逐渐降低，道路两侧的开口限制逐渐降低。干线道路主要提供机动交通功能，而地方性道路主要满足可达性要求，集散道路的功能介于满足机动性和可达性之间。可见，里程较少的干线道路承担了更多的交通运输流量，而里程较多的地方性道路承担较少的交通运输流量。

日本城市道路兼具交通、防灾、空间、构造四种功能，依据道路的交通功能将城市道路分为高速路、基干道路（包括主干道和干道线路）、辅助路（次干道）、支路和特殊道路 5 大类。

我国受苏联道路分类方法的影响较大，第一代分类方法就是借鉴苏联的经验。1960 年，建筑工程部建设局编制的《城市道路设计标准》试行草稿将城市道路分为 3 级 7 类：

第 1 级为城市干道、入城干道和环城干道、高速道路；第 2 级为区域干道、工业区道路、游览大道；第 3 级为住宅道路。20 世纪 80 年代，按主干道（全市性干道）、次干道（区干道）、支路将城市道路分为 3 个等级。后来我国城市道路规划设计吸取西方城市经验，于 1991 年颁布了《城市道路设计规范》（CJJ 37—90），将城市道路划分为快速路、主干道、次干道、支路 4 种类型。1995 年颁布了《城市道路交通规划设计规范》（GB 50220—95），对城市道路的等级与功能、路网密度做出了详细规定。

2012 年颁布新的《城市道路设计规范》（CJJ 37—2012），其中将原来城市道路"分类"的表述改为"分级"，其他保持一致。城市道路按道路在道路网中的地位、交通功能以及对沿线的服务功能等分为快速路、主干路、次干路和支路 4 个等级。

城市道路横断面主要有单幅、两幅、三幅、四幅 4 种类型及其他特殊类型。当快速路两侧设置辅路时，应采用四幅路；当两侧不设置辅路时，应采用两幅路。主干路宜采用四幅路或三幅路，次干路宜采用单幅路或两幅路，支路宜采用单幅路。城市道路横断面宜由机动车道、非机动车道、人行道、分车带、设施带、绿化带等组成，特殊断面还可包括应急车道、路肩和排水沟等。

科林·布坎南的《城镇交通》给现代城市道路系统定下了发展的模式，这种模式跟传统城市街道的联系非常有限。他把城市道路分为干线和连通接入性道路两种，干线分为主要、地区和本地 3 种。

不管是美国还是中国的城市道路分类和功能，我们都可以看到布坎南分类思想的影子。现代道路系统功能分配设置采用远近分离、通达分离、快慢分离、容量控制（减少低效运行）、功能划分（减少公共空间与交通功能的冲突）等原则，对道路依据通行任务的轻重来划分宽度、设计的速度和分配流量，同时把可达性基本交给下一个级别的支路和次干道（部分）来承担，城市干道因为效率优先，不欢迎设置临街建筑的"沿街面"。道路的通过性和可达性与道路的级别成反比，道路级别越高，可达性越弱，道路级别越低，通过性越差；道路承担的交通量与级别成正比，快速路里程最少，但承担的交通量最大，支路密度最大，但承担的城市交通量最少。从这一点来看，现代城市道路与传统城市街道有本质的不同。

四、现代城市道路系统下的城市发展与危机

（一）现代主义城市道路系统的极端样本：昌迪加尔和巴西利亚

1951 年，勒·柯布西耶规划设计的印度一个邦首府——昌迪加尔，人口 50 万人，面积约 3600km²。设计中，昌迪加尔城市总图的形态象征一个生物体：背靠喜马拉雅山脉的

行政中心象征大脑，设在城市的最北端；商业中心象征人的心脏；城市的两侧布置博物馆、大学区与工业区象征人的双手；道路系统是城市的骨架，建筑物象征肌肉，水电系统则如血管神经遍及整个城市。

昌迪加尔的总体规划充分体现了《雅典宪章》的基本原则，按功能分区，各个区域与道路全部采用字母或数字命名，道路等级分明，是一种高度理性的城市形态。昌迪加尔的空间尺度非常大，是一座纪念碑式的城市，缺少基本的人性关怀。为了展示理性和庄严的构图，建造了规模巨大的城市公共空间与宽阔的城市道路。它们都不是为了人们的生活而准备的，而是古典主义空间以现代功能面貌的再次重现。

1956 年，巴西政府决定建设新首都巴西利亚。科斯塔（L. Costa）和尼迈耶（O. Niemeyer）的规划设计在一片空地上用非常短暂的时间建成。科斯塔是柯布西耶的忠实追随者，其将大量地面让出来作为交通和开放空地，宏伟的尺度和具有纪念性的建筑是这个城市最突出的特点。巴西利亚规划人口 50 万人，占地 150km²。科斯塔的总体规划模拟飞机的形象，象征巴西的飞腾发展。三权广场（国会、总统府和法院），政府，议会等具有强烈象征意义的公共建筑布置在机头位置，面向东方；机身长 8km，是城市的主要交通轴线——宽 250m 的纪念大道，两旁是高楼林立；两翼为 13km 沿湖展开的弓形横轴，布置商业、住宅和使馆；文化和体育运动区位于飞机尾部，最末端布置工业区；十字轴线布局代表巴西天主教国家性质；城市中的道路系统完全是现代立体化的交通。

1960 年前，柯布西耶个人的城市"艺术作品"广受赞誉，但在那之后，随着城市规划领域对人文和社会因素的重视，这种机械理性规划思想和实践受到越来越多的批判和质疑。人们普遍认为巴西利亚和昌迪加尔的规划过分追求平面上的形式感和超大尺度，对社会文化和传统考虑较少，形式空洞，缺少城市活力和生气。两座城市是现代主义城市的极端案例，它们像是庞大的"纪念碑"，是一个巨大的"机械"城市的组合。

（二）现代汽车城市：洛杉矶

第二次世界大战之后，美国经济迅速崛起。从 20 世纪 50 年代到 80 年代，美国人口增加了 50%，汽车拥有量增加了 200%。汽车旅馆、汽车电影院、汽车餐厅甚至银行都有方便汽车车主的窗口，整个社会中的一切都围绕汽车展开，美国真正成为一个汽车社会。当然，城市形态是受汽车影响最大的。

1984 年，加利福尼亚州 2600 万人口拥有近 1900 万辆机动车，有世界上最发达的高速路系统。汽车主导了城市的发展模式，涌入洛杉矶的农民和小城市民的生活已经离不开汽车，他们用离开城市的方法解决城市问题。1930 年，洛杉矶的交通方式开始出现一种其他城市从未有过的特征：多起点、多目的地、多渠道。20 世纪 50 年代开始，一些像奥兰治县一样偏远的县逐渐发展成为中小市镇的集合体，到 20 世纪 90 年代，这些城市合并成一个巨大的城市集合体。城市在任何一个可能的地方开始蔓延，只有山与海才能阻止城市的扩大。洛杉矶成为一个郊区化的城市，一个同核城市群，一个由接近100个同核城市组成的大都市。在接近1万km²的长方形地块上没有一个起支配作用的市中心，每天数百万辆汽车在城市中无序地流动。这种以汽车为主导的城市带来了很多城市和社会问题。首先，交通拥挤。因为人们日常生活需要的商店远离社区，步行无法到达，公共交通缺乏，造成居民的一切出行事务都不得不使用私家车。其次，汽车造成社区生活的缺失。汽车的过度使用，缺少街头生活空间，造成街道空间成为犯罪者的天堂，白天人们不敢在空空荡荡的街头停留。再次，郊区化发展导致城市中心地区不断衰败。最后，都市蔓延导致都市空间呈离心状态发展。居住模式松散，住宅区、购物中心、商务区、市政和学校在内的公共机构互相失去密切联系，缺少把城市不相关部分连接起来的各类道路，从而导致郊区各个部分之间的交通流量大大增加。

洛杉矶至少有80%的出行需要汽车，离开汽车，人们就像被抛弃在了汪洋大海的孤岛上。在这种环境下，人离开汽车很难生存，如果老人不能开车了，只能到福利院生活，不安全的道路很少有玩耍的孩子。城市一边是密集的独栋住宅，一边是具有巨大停车场的购物中心，连接这两头的是高速公路。这是一个以汽车为尺度建造的低密度城市，汽车是道路空间的主导因素，也是城市缺乏生机的主要原因。

（三）现代主义城市道路对传统城市街道的蚕食：北京

北京市作为中华人民共和国的首都，经过激烈争论，最终选择在旧城体系的基础上改造发展。长安大街的宽度一再加宽，最后确定红线宽度为120m，具有节日庆典游行、展示国家建设成就的政治性景观大道功能，它和天安门广场一起已经成为中华人民共和国的象征。

在随后的城市发展中，以城墙的拆除和二环路的建成为标志，旧城街道空间体系逐渐被道路化拓宽，旧城街巷空间格局被打乱。北京城市总体规划主干道宽40—80m，旧城内规划五纵七横的干道网，现代城市主干道的功能和要求与古城形态格格不入。首先，古城风貌被破坏，街道拓宽过程中，把原有影响交通的牌坊、城门和大量胡同拆除；其次，道路拓宽刺激沿街高层建筑的建设，高度一再突破限制，造成城市天际线的改变；最后，引入城市中心的交通流很快就造成了新的拥堵，道路拓宽的作用大打折扣。以平安大街和广安大街为例，平安大街从北小街往西至厂桥，这是老北京城的重点保护区，分布有大量名胜古迹，尤其张自忠路至什刹海一带，酷似《清明上河图》上的街市景观，是一条历史文化韵味非常浓的大街。改造前的宽度为9—13m，改造后的宽度为40m，两旁修建仿古建筑。广安大街全长8km，由广安门内大街、骡马市大街、珠市口西大街、珠市口东大街、广渠门内大街5条路组成，是北京南城重要的历史文化街道。广安门大街原计划在街道两侧形成长 1.5km 的步行街，修建三层商业建筑并留出停车宽度。但在两条大街拓宽后，把大量汽车交通引入内城，高峰期依旧拥堵，平时却成为城市的鸿沟，临街建筑与周边环境并不协调，宽马路反而疏散了人气，建成后十分萧条。

20 世纪 80 年代开始，从北京的发展中我们明显可以看到现代主义城市的影响。放射加环路的快速路体系逐渐形成，从 80 年代早期开始一直到 90 年代亚运会期间，快速路周边形成了大量高层住宅。城市以旧城为中心，一环环不断扩张，旧城风貌被破坏，城市空间被宽马路切割得支离破碎。截至 2013 年 12 月，北京拥有 530 万辆汽车，即使用尽各种调控方案，北京的城市道路系统依然拥堵异常。

（四）现代城市道路与传统街道和谐共存：巴黎

巴黎是法兰西共和国的首都，是法国最大的城市，素有"浪漫之都""时尚之都"之称。巴黎由古罗马时期的军事要塞发展而来，现在巴黎保留了多个历史时期的古城遗迹，尤其 19 世纪中期奥斯曼改造之后的旧城，再没有大规模的城市建设。

在城市发展过程中，现代巴黎同样面临巨大压力，旧城已无法满足现代都市发展的需求。拉德芳斯区位于巴黎市的西北部，是巴黎旧城主轴线向西的延伸部分，20 世纪 50 年代开始，为应对巴黎发展需求，开始规划建设。拉德芳斯区的建设非常曲折，由于最初存在设计和定位的偏差，直到 20 世纪 70 年代末期，都没有形成相应规模，开发区的建设陷入危机。经过大力改造，采取人车分流的交通措施，加强环境建设，使拉德芳斯区成为欧洲最大并且非常成功的城市新兴商业中心。

目前，拉德芳斯区已建成写字楼近 300 万 m^2，吸引近一半的法国大企业在这里驻扎。这里有欧洲最大的商业中心和公交换乘中心，有面积达到 67hm^2 的步行空间系统和设有2.6 万个停车位的停车场，有占地 25hm^2 的公园和由 60 个现代雕塑作品组成的露天博物馆，以及丰富完善的绿化系统。每年有 200 万名以上的游客来这里参观游览。

香榭丽舍大街是巴黎城市历史轴线的主体部分，从卢浮宫经过协和广场，一直延伸到拉德芳斯的新凯旋门，就像北京南北传统城市轴线向北奥运轴线的延伸，使历史和现代连接在一起。拉德芳斯交通系统的规划设计源自柯布西耶的城市设计理念和原则，多层交通体系，人车分离，人的活动空间不再是街道，而是相对独立和建筑联系在一起的城市公共空间。对比柯布西耶给巴黎做的伏瓦升规划，其区别就在于与巴黎旧城关系的处理上。柯布西耶的规划是对旧巴黎的否定，而拉德芳斯是建立在对旧巴黎尊重基础上的新时代的发展，新旧巴黎城市通过一条林荫大道连接成为一个完整的体系。

第四节　新城市道路景观

一、新城市道路景观的三种尺度

"尺度"为名词，一般表示物体的空间尺寸，也用来表示评判事物的范畴和标准。尺度是许多学科常用的一个概念，在定义尺度时一般包括三个方面的内容：客体（被考察对象）、主体（考察者，通常指人）及时空。有些时候，尺度并不单纯是一个空间概念，还是一个时间概念。不同于尺寸表示的是一个物体的实际大小，尺度则是对于物体相对于周边物体，以及相对于我们对那些物体的认知。

本节把城市道路景观作为考察对象（客体），分别把城市、汽车和人作为评判标准和研究范畴，用空间和时间两个标尺进行深入探讨。

（一）城市尺度

中国周代《考工记》中记载的"国中九经九纬，经涂九轨"思想，几千年来构成中国甚至亚洲主要古典城市形态的基本模式。罗马人在建立一座城市时，首先是确立城市的取向和主干道，即 cardo（南北轴）和 decumanus（东西轴），其次在这两条主干道的交叉路口上构建整座城市的政治与经济中心——fourm（广场）。中世纪欧洲城市的道路体系以道路汇合于集市为特征，而在伊斯兰城市的道路体系中，道路则汇合于清真寺，这种模式可以理解为让道路汇合于城市生活的中心。城市道路是城市物质形态和社会形态的空间体现，城市道路系统是构建一座城市的基础。

从城市的空间尺度来看，城市道路景观形态表现为城市肌理。"肌理"一词原本为纺织术语，意指"线"交织成一个大于各部分总和的实体。真正连接一座城市的是城市的机理，城市肌理赋予城市以物理和社会连贯性，道路网赋予城市肌理以秩序和结构。我们分析一条城市道路，必须把它放在城市背景下才可能读懂它。城市肌理的构成说明了城市道路的层次、密度、连接性和复杂性。在城市肌理的演变中，我们可以通过其性质的变化分析出道路形态的演变，或者道路形态转变对城市肌理的影响。

城市道路景观的基本形态由城市肌理决定，城市肌理由建筑（3D）、地块（2D）和道路（1D）组成。传统城市街道与城市是一个景观整体，建筑、地块与道路之间具有不可分割的整体性。传统城市肌理显示，地块边缘与公共空间的边缘是紧密相连的，地块被高密度的建筑布满，或者作为公共空间（广场、绿地）存在，建筑内部的空间则成分块式分布于建筑围合之中，地块犹如大海里的群岛。传统城市街道空间作为连续的公共空间，正如大海连接岛屿，把地块连接在一起。作为网格肌理的北京旧城与汽车到来之前纽约曼哈顿的网格尺度非常相近，北京东西向胡同间隔70m左右，南北向街道相隔600m；纽约曼哈顿地块东西长60m，南北街相隔240m，尽管临街建筑高度大相径庭，但都是非常适合步行者街区格局的尺度。相似的街道空间与城市标志景观相对位置的变化构成既相似又有丰富变化的城市公共空间，整体感很强，易于识别。

由高层建筑和快速路网构成的现代城市肌理，例如上海市浦东区，大型高层建筑位于街区中心，周围是空地，宽阔的干道网将地块分开，建筑与道路之间失去联系，城市肌理松散，呈现无序状态，这是汽车城市的典型肌理形态。现代城市道路网络由内向外密度和连接性逐渐变小，道路网络结构更为简单，宽度变大。其结果很明显，那就是城市扩张得更大更快，人们对汽车的依赖性逐渐增强。现代城市形态研究表明，放弃传统城市肌理的现代化道路系统在一定程度上导致了城市的非人性化和城市文脉的断裂。

传统城市肌理下的街道景观是城市赋予道路的空间特征，景观要素就是城市自身。城市范围内城市道路形成一个网络系统，其景观是一个整体，每一条街道都是这个系统中的一部分。街道的长度由节点限定，同时把不同形态的街道连接在一起，这样每一条街道都是城市这篇大文章中的一个章节，既有各自的内容，又跟城市有逻辑联系。

现代城市按道路等级系统构建城市肌理，使城市道路景观逐渐与城市脱节，地块内部形成"小城市"空间，城市道路成为城市"失落的空间"。城市道路景观成为一个需要专门营造的城市景观空间类型，这跟传统城市街道景观的形成方式有根本性不同。这是一个全局性的问题，什么样的城市尺度决定了有什么样的城市道路景观。现代城市过大的尺度使城市景观整体性被相对削弱，大量道路被遗忘或者被汽车侵蚀占领。城市道路景观的复兴在于城市道路营造自身景观的同时，还要兼顾和城市景观的整体关联，是对城市整体公共空间体系的复兴。

在城市的时间尺度中（即城市的发展历史），城市演变的印迹都沉淀在城市道路景观的形态中。张京祥提出："城市是一个民族发展的有形的史书，任何传统的继承与现代的创新都会在城市这个载体上留下痕迹。"而城市道路空间是容纳这些痕迹的主要方式，与城市发展历史关系紧密的道路是这个城市的名片。城市道路景观在这里是一个历史概念，它是生活在这里的人们用物质和文化共同构筑的一个时空综合体，这种历史不需要什么轰轰烈烈的大事件，它就是人们日常生活的积累。当你漫步巴黎街头，人们告诉你街边这些建筑、雕像或者喷泉所关联的城市历史，你会感受到身边景物的厚重。这是"电影城"式的街景所做不到的地方，遍布中国大地的投资巨大的所谓的"欧洲小镇"无论如何也做不到一个朴素的法国小镇所具有的吸引力。

（二）汽车尺度

"国中九经九纬，经涂九轨"中的"轨"是古代车辆的轮距，说明中国古代道路的宽度以车辆的通行要求为标准。在古典城市中，"车"的尺度决定了道路的宽度，但其速度较慢，不足以决定道路的使用性质。汽车的出现是现代筑路技术革命的动因，也是现代城市道路系统规划的主要考虑因素。1963 年，英国的科林·布坎南在《城镇的交通》的报告中第一次公开探讨现代城市面对汽车要求的道路网络建设策略，快速路、立交桥、高架路等现代常见的城市道路设施开始出现在城市交通规划图纸中。

对城市道路景观构成造成影响的汽车尺度包括汽车的三维空间尺度、行驶速度以及汽车造成的噪声和烟尘影响。

《城市道路工程设计规范》中对小型车的设计尺寸规定为长 6m，宽 1.8m，高 2m；机动车车道最小宽度是 3.25m；停放车位规范规定最小占地面积为 $16m^2$。汽车行驶和停放要占用大量城市道路空间。为满足汽车进入老城区的需要，机动车道路不断拓宽，挤占步行街道和非机动车道路空间，破坏城市肌理，改变了传统城市街道景观。城市内供汽车停放的面积有限，汽车停放占用大量本来就少得可怜的城市公共空间，人们行走在汽车的缝隙里，城市就像一个巨大的停车场，汽车成为道路景观中的主导因素。例如，北京在 2019 年汽车保有量为 636.5 万辆，按最小车位占地面积计算，单停车一项就需要占地 $10184hm^2$，这还不包含停车所需的附属面积。城市道路设计中非机动车道和人行道往往采用最低限，而机动车得到最大交通面积。以最常见的 40m 宽城市干道断面为例，规范规定最低绿地率为 20%，占道 8m，非机动车道最低为 2.5m，人行道最低为 2m，机动车道宽 27.5m，占道路面积的 68.75%。

以汽车为尺度导向的城市道路系统本身更为复杂、所占空间巨大。汽车自身的尺度和数量决定道路的宽度，行驶速度决定道路的使用性质和系统结构，全封闭立交道路系统是城市道路汽车化的极致方式。汽车道路系统直接影响道路两边建筑的尺度和城市空间的布局，因汽车期望从城市快速进入建筑物内部，故建筑和城市的尺度都随之增大。立交桥是最典型的汽车尺度道路景观。这种绝对汽车尺度、立体化的汽车交通方式使城市空间成为摆放巨大交通机器的场地，使城市空间破碎化、灰色化。罗杰·特兰西克在专著中称这种空间是城市失落的空间，大量被立交桥占用的城市土地失去利用价值，大片没有活力的绿地无人问津。

由于步行空间的匮乏，乘车成为观察现代城市的主要方式，汽车快速行驶过程中，人的观察细节能力下降，对城市的感觉体验变得枯燥乏味。研究表明，当我们驾驶机动车时，由于其具有一定速度，因此我们与车辆同速度前进相对静止。我们驾驶的车辆相对于马路位置发生了变化，因此我们是运动的，但是由于行车时速度的快慢不同，导致我们速度较慢时，能看清前方的物体，但是速度较快时，我们的视觉就没有那么灵敏。这样就更容易导致我们错失关键的提示信息，造成驾驶的安全隐患，那么在我们的行驶过程当中，设计者也会考虑这些因素，降低行车安全隐患事故的发生。为了适应汽车高速行驶过程中观看城市环境的特性，建筑、景观及广告都采用更简单、巨大的方式以获得更多的关注度。

汽车是现代城市中不可缺少的交通工具，尽管给城市带来诸多问题，但问题的实质不是汽车本身，而是人们对汽车的过度使用。汽车不是万恶之源，只有合理应用城市道路景观形态中的汽车尺度，才能积极解决城市问题的困扰。我国城市建设中主要考虑拓宽道路来解决汽车通行的压力，这是唯汽车价值论的道路体系。在这个价值体系下，汽车成为主角，城市空间为迁就其而不断被占用和破坏。我们应该反过来考虑，城市空间到底能承受多少汽车的存在，从通行到停放，根据这个限度来控制汽车的进入，来缓解交通的压力和对城市空间的破坏。汽车似乎不可能在未来的城市道路景观中消失，但最起码我们可以更友善地共享道路，更安静、更慢速地驾车，让汽车尺度处在城市道路景观形态的次要位置。

（三）人的尺度

欧洲古典时期城市建设从人的比例尺度中寻找建筑美的形式根源。维特鲁威在《建筑十书》提到，"没有均衡或比例，就不可能有任何神庙的位置。即与姿态漂亮的人体相似，要有正确分配的肢体"。达·芬奇的《维特鲁威人》表现了人静态的基本比例尺度。这些都从根源上揭示了符合人体尺度是城市、建筑空间美的基本标准，而这种美除了视觉意义之外，还有其实用性等内在品质。

城市道路是以人的运动为基础而设计的线性移动空间。人体在室外空间行动、观察、交流交往的所有合理尺度都能在道路空间得到实践和检验。反过来，人的尺度也规范和影响着城市空间，小尺度，或者说人的尺度，意味着这是一个令人兴奋的、"温暖"的城市。

城市道路景观形态人的尺度最受现代城市建设者的关注，大家都在呼吁回归人性化的城市，回归城市街道生活。阿兰·雅各布斯在他的著作《伟大的街道》中总结，作为伟大街道第一个条件就是适合散步的场所。1988年，欧洲议会通过了《欧洲步行者权益宪章》，提出人们应在步行与骑车中寻找乐趣，注重孩子、老人和残疾人出行的权利。扬·盖尔在其著作《人性化的城市》中提出人性化的维度（The human dimension）概念，解释为城市中有利于人们行走、站立、坐下、观看、倾听及交谈的维度（或尺度）。在人性维度下，城市道路才能回归活力、安全、健康和可持续的景观形态。

城市道路景观中人的尺度包括人的静态尺度、动态尺度、感官尺度、心理尺度和行为尺度。这里的人包括男女成年人、少年、儿童、老年人和肢体残障人等。对于直接由人力驱动的自行车、儿童车、轮椅等，由于与步行交通冲突不大，而且往往可以混行在一起，因此本书把它们放在城市道路景观人的尺度范畴之内进行考虑。

人的静态尺度是指人在站立、坐、卧等静止体态下所需的空间尺度。一般以成年男性站立身体椭圆作为空间设计的标准，其短轴为 0.46m，长轴为 0.61m，所占面积为 0.21m²。依据人体尺度，0.4m 是人坐下最合适的高度，0.8—1.2m 适合人当作桌面高度站立使用，再高就只能倚靠了。

人的动态尺度是指人的行动速度，以及各种行动过程中所需的空间尺度。人的步行速度为 5km/h，奔跑速度为 10—12km/h，骑自行车的速度为 15—20km/h。人的视觉系统是配合人步行速度生长的，人在步行过程中可以清晰地观察身边事物。奔跑和骑车可以达到同样的观察效果，同时多个奔跑和骑车的人是可以进行有效接触和交流的。人在步行时大约需要 0.75m 的宽度，汽车行进需要 1m 的宽度。据观察，个人拥有 3.7m² 空间时，行动较为自如；人均占用面积在 1.17—1.41m² 时，行人可以自由走动；人均占用面积为 0.60—0.90m² 时，行动受到很大限制；当人均占用面积为 0.18—0.28m² 时，就不可避免地要互相影响，人就开始感到不舒服和潜在的恐慌。所以一般选取 1.4—3.7m²/人作为道路步行服务水平的临界点。

人的感官尺度是人感觉器官的尺度特性，例如人的视觉在 22—25m 范围内可以清楚地看到人的表情，日本学者芦原义信提出，20—25m 是人"面对面"的尺度范围。在这个范围内，人们感觉亲切并不受约束地自由交流和沟通；超过这个距离，就会对辨识对方的表情造成困难，这个尺度常被人们用作创造交流机会的尺度。50—70m 范围内，人的视觉可以分辨人的头发颜色和具有特色的肢体语言。100m 左右时，肉眼就只能看出大略的人形和动作，超过 100m 以后，空间就会产生广阔的感觉，使人自觉渺小，不能营造出亲切氛围。而在 300—500m 处，人的视觉只能分辨出大致的物种。中国人的视线高度大约为 1.5m，人的正常静观视场为垂直视角 130°、水平视角 160°。人站立平视范围被扬·盖尔定义为视平层，是观察效果最佳的范围。实际上人在正常走路时，头通常是向下倾斜 10%，以便看清路上的情况，所以向下的视角宽为 70°—80°，向上为 50°—55°。从垂直空间尺度上说，越高的地方越难被人看到，而且我们必须后退形成方便观察的角度，要观察越高的地方，就需要距离其越来越远。这样可以得出结论，2 层楼（6—8m）是最适合人交流和观察的高度，3—5 层楼（9—20m）也是适当的，通过喊话和肢体动作可以交流。但超过 5 层就不容易观察到细节了，而且不方便交流。扬·盖尔提出，超过 5 层以上的建筑空间就不再属于城市了。

听觉与距离的关系。50—70m 范围内，我们可以听到大声求救的声音，20—25m 范围内很难真正对话，0.5—7m 是适合交谈的距离，距离越近，对话的细节越微妙，联系越紧密。人的嗅觉尺度要求的距离似乎更近，只有小于 1m 的距离，才能闻到别人发肤和衣服散发出来的味道。这与味道的浓淡也有关系，如果花草的味道和臭水沟的恶臭浓重的话，就可以传播得很远。嗅觉也是人们对景观形成印象的一个重要因素。

人的心理尺度是指人对公共空间不同尺度的心理反应，或者称为空间尺度感。在道路空间中最典型的是道路宽度和建筑的高度比给人带来空间感受的变化。芦原义信在其著作《街道美学》中提到，设街道宽度为 D，建筑外墙的高度为 H，则当 D/H>1 时，随着比值的增大，会给人以逐渐远离的感觉，超过 2 时则给人以宽阔的感觉；当 D/H<1 时，随着比值的减小，会给人接近的感觉，逐渐产生压迫感；D/H＝1 是空间性质的转折点。中世纪欧洲城市街道 D/H 值大约是 0.5，文艺复兴时期，达·芬奇认为宽度和高度比相等是理想的街道空间。巴洛克时期的林荫大道宽高比一般为 2。针对超大尺度的现代城市道路，这个理论似乎有待商榷。因为人自身的尺度（1.6—1.8m）是固定的，传统城市街道的宽度多在 20m 以内，建筑高度也多在 20m 以下，如果设人的高度为 h，则 D/h 和 H/h 都小于 5。当道路宽度和建筑高度达到超人的巨大尺度时，D/h 和 H/h 的值往往是 D/H 的十几甚至几十倍，芦原义信认为 D/H 比会因为人与空间尺度比例的失调而不再适用。例如，北京东二环宽度约 160m，两侧建筑高度 100m 左右，尽管宽高比值约为 1.6，但给人的感受不仅是宽阔所能表达清楚的，巨大建筑的高度和道路的宽度已经让人的尺度失去意义。

另外，人和其他动物一样，具有领域意识，如果不是必要的话，人与人之间总是要自觉保持一定距离。这种现象被称为臂长原则，在公共场所非常普遍，陌生人排队或者坐在长椅上都会自觉地保持一臂的距离。人与人之间的沟通距离在 10—100m，感受变化很少，但在近距离范围内却有着微妙丰富的变化。扬·盖尔在其著作《人性化的城市》中把人与人之间的近距离感受划分为如下四种：0—0.45m 为亲密距离；0.45—1.2m 为个人距离；1.2—3.7m 为社交距离；超过 3.7m 为公共距离。小尺度意味着人拥有更丰富的心理感受，或者说，人性化维度是能带给人温暖和兴奋的城市公共空间尺度。

人的行为尺度。根据我们的教育以及生理的本能反应，城市规划设计也会参考人的行为尺度而进行设计。城市是以人为中心构建起来的，即使汽车也是人在改善自身行驶速度和方式上的技术手段，满足人的行为需要是建设规划公共空间的基础和评价标准。扬·盖尔在《交往与空间》中将城市户外活动划分为必要性活动、自发性活动和社会性活动三种。必要性活动是城市人群生活必须参与的活动，例如工作、上学、购物等，这类活动很少受到物质环境的影响，无论外部环境的优劣都必须按时完成；自发性活动则需要在合适情景下才有发生的意愿，例如散步、郊游、晒太阳等，这些活动只有在适宜的外部环境下才能发生；社会性活动是指公共空间中人与人之间的交流活动，如儿童嬉戏、交谈等，这种活动是前两种活动的连锁反应，往往依赖必要性和自发性活动。环境的质量提升能够促进自发活动的增多，社会性活动自然增加，尽管对必要性活动的发生频率影响不大，但良好的空间环境可以显著延长活动的时间。

众多调查表明，人及其活动是城市公共空间最具吸引力的因素，尤其在城市道路环境中，无论是行走、停留，还是驾车，人总是希望观望街道上来来往往的人流和车辆。空间边界区域向着活动中心的座椅总是最吸引人休闲的地方，街头表演或者临时的摊位前总是聚集了观望或者参与的人群。

更多人的活动是场所活力的体现，这就需要我们围绕人的静态、动态、感官、心理和行为尺度，创造适合人们漫步、驻足、活动和交往的城市道路景观空间，让太大、太高、太快的城市道路景观回归传统，回归人性。

二、新城市道路景观的三个构成要素

（一）空间要素

城市道路景观空间可以分为道路外部景观空间和道路内部景观空间两个部分。城市道路总是处在一定的城市和自然空间背景下，可以将对构成城市道路景观具有影响，又没有在路域范围内的城市和自然空间称为道路外部景观空间。例如，城市外围的山体、沿路的水体或者城市标志性建筑，它们与道路有一定距离，但往往是道路的主要背景或者对景，对构成道路景观起重要作用。临街建筑是城市道路内部景观空间的组成部分，道路红线框定了道路的内部景观空间范围。道路内部景观空间是营造道路景观的主要内容，但道路外部景观空间对构成道路景观的地域和文化特性起重要作用。

城市道路景观外部空间由城市道路所处的自然环境或者城市肌理构成，作为背景空间形态决定道路景观的基调，高耸的城市标志物往往是众多道路景观空间的对景，通过成为道路景观背景空间与城市和自然取得联系。反过来，作为城市道路景观空间的背景，外部景观空间通过道路获得了独有的景观姿态。城市与道路互为因果，离开彼此，就都失去了存在的意义。

城市道路景观的内部景观空间可以再划分为临街界面空间、节点景观空间、功能景观空间和天际线。

临街界面是道路空间具有同质性的垂直边界，也是道路内空间的主要内容。临街界面可以是实体建筑，也可以是虚空界面，如绿地和水面，是决定道路景观形态尺度和风格的重要因素。临街界面空间实体中包括建筑、招牌广告和灯光照明。两侧密集的建筑街墙是传统城市街道的基本形态，现代城市道路两侧的高层建筑不能形成连续的临街界面，缺少街道空间场所性质。虚空间界面是道路景观内外部空间连接成为一体的状态，道路两侧中多为一侧连接自然山水，形成城市标志性景观道路。例如上海外滩中山东一路沿线景观，东临黄浦江，西面为 52 幢风格各异的欧式建筑，被称为"万国建筑博览群"，两侧景观虚实对比，相得益彰。

节点景观空间是与道路景观空间有紧密联系的城市公共空间，或者就是道路空间拓展形成的广场。有两种节点景观空间：第一种是道路的对景节点，第二种是路侧景观节点。景节点地处道路转弯、交叉位置或者道路空间轴线的远处，是道路景观主题性景观，空间上给线状空间一个向心点，决定道路的景观秩序；路侧景观节点是道路景观空间的活力节点，增加道路景观空间的节奏感和生活情趣。

功能景观空间是指道路红线范围内的交通空间及设施构成的景观形态，可以划分为三大类。第一类是路面类：机动车、非机动车、人行；第二类是市政设施：桥梁、通道（包含地铁出口）、照明设施、交通安全设施、音响设施、卫生设施、休闲设施，以及地下管线等；第三类是绿地类：分隔绿地、行道树、休闲绿地（包含水系）。

城市道路景观空间的最后一部分是天空，也是变化最为丰富的部分。道路两侧临街界面与天空交接形成城市的道路天际线，它或宽阔、起伏，或整齐、狭窄，是人们感受城市景观形态的一种方式。天空色彩和景象随时间和季节而幻化无穷，是城市观望大自然的"窗口"，最能衬托城市景观的壮丽和个性。

（二）行为要素

TEAMIO 提出"门阶哲学"（doorstep philosophy）的概念，是一种以现代社会生活和人为根本出发点，注重并寻求人与环境有机共存，深层结构的城市设计理论，强调城市设计真正的目的是人，而非空间自身。城市空间不只包括建筑物，还包括多种多样的人的活动。他们提出，现代城市空间形态是由人与人的关系决定的，要认识城市空间的关系，就要考察和研究人的活动。现代城市与传统城市形态差别的根源就在于人与人关系的转变和复杂化，城市道路景观形态随之变得复杂。

本节把城市道路景观的行为分为个人日常行为和群体社会行为两个类别。

正如上文提到，扬·盖尔把个人的户外活动分为必要性、自发性和社会性三个类别，并说明了户外环境与个人行为之间的关联。人的日常活动是城市道路景观的活力因素。例如，意大利传统城市街道是市民生活的一部分，建筑只是他们公共交往空间的延伸。人们在街巷当中的日常生活和交往构成了城市道路景观形态中最生动的一部分。简·雅各布斯在《美国大城市的生与死》中提到："当我们想到一个城市时，首先出现在脑海里的是街道。街道有生气，城市才能有活力，街道沉闷，城市也就沉闷。"这里所说的生气就是人的日常活动，所以说没有人行走、活动和交往的城市将是一座"死城"。国内很多超前发展的新城由于只有"城"，缺少人气，因此被冠以"鬼城"的称号。

城市道路景观中群体社会行为包括：货物交通流、私有汽车交通流、地面公共交通流、消费活动和文化活动等。

城市道路中的货物交通流、私有汽车（包含个人及公务车辆）交通流以及地面公共交通流除去部分地面公共交通为有轨电车之外，基本上是以汽车为主的行为方式，包含汽车的行驶、停放以及人的上下和货物的搬运。机动车流是现代城市道路景观中最主要的行为景观，并且附带噪声和尾气污染。数量巨大的汽车充斥着整个城市，即使狭窄的小巷也停满了各式各样的车辆。原本漂亮的汽车一旦汇入茫茫车海，一个个都变得灰头土脸，没有汽车广告会愿意用真实的城市道路作为广告背景。巨大的车流产生的噪声成为城市道路24小时不间断的背景音，加上汽车尾气和粉尘，造成道路一定区域内成为城市环境质量的谷底。据北京市环保局统计，目前北京市区的293条主要道路，交通噪声平均值为69.5dB，远郊区县为68.4dB，石景山、朝阳等地的一些路段噪声最大，超过了74dB。一些快速干道周边的住宅小区，室内测量到的噪声有的竟高达70dB。笔者用手机噪声测试软件在二环路取得的数据显示，道路中间噪声最高达到100dB以上，路侧绿地内多为80dB左右。

消费和文化活动则是以人的群体性步行流动和休闲活动为主的城市道路景观行为方式。城市道路跟城市商业和社会活动相关，如节日游行、庆典活动，当然这也和道路景观形态的文化要素相关，但就其外在形式，我们可以把它归入行为范畴，是城市道路景观形态中较为吸引人们注意的行为景观要素。

中国人把逛街作为一种消遣活动，往往与购物相关。城市中最著名的街道往往是商业步行街，熙熙攘攘的人流和琳琅满目的商品同样是吸引人的因素。例如北京的王府井、上海的南京路、南京的夫子庙等，商业消费活动构成其景观行为的主要内容。欧洲城市街道消费活动除了商店购物之外，咖啡座和街头艺人是其街道生活的主要内容，在这里，人既是观景的主体，也是道路景观的一部分，街道空间和人的活动成为一个整体。

世界著名城市街道往往与该城市的文化活动相关。例如巴黎香榭丽舍大街，每年7月14日巴士底日，法国会在香榭丽舍大街举行大阅兵；环法自行车大赛的终点一般会设在香榭丽舍大街；每年元旦前夜，香榭丽舍大街就会成为步行街，人们会相伴在街上庆祝新年；另外该大街也是文化宣传的领地，农民可以把大街变成农场；为申请举办奥运会，大街又变成巨大的运动场。欧美城市有在城市主要道路举办节日游行和狂欢活动的传统，纽约的感恩节大游行从著名的百老汇大街经过，每年都会吸引上百万人观看。

（三）文化要素

"文化"一词在《辞海》中被定义为"指人类社会历史实践过程中所创造的物质财富和精神财富的总和"。文化就是人化，即人类通过思考所造成的一切，是人类存续发展中对外在物质世界和自身精神世界的不断作用及其引起的变化，涵盖物质、制度和精神三个层面。汉字"文"的本义是指各色交错的纹理。《易·系辞下》记载:"物相杂,故曰文。""化"字本义,为改易、生成、造化。《易·系辞下》记载:"男女构精,万物化生。"城市是"物相杂"的空间之"文"。城市是"男女构精"化生出的"万物",城市也孕育教化出"文化"。城市是人类物质、制度和精神文化的综合产物,是人类文化的最高形式。

现代城市规划理论破坏了城市与城市历史文化之间的关联。1971 年,舒玛什在《文脉主义:都市的理想和解体》中提出"文脉主义"概念,文脉可以解释为人、建筑、城市与其历史文化背景之间的继承关系和内在本质的联系。它不是片面的复古,而是体现现代、未来社会对回归传统和人性的渴望。文脉主义提出文化与城市的关联价值,开启城市景观对文化历史的关注,城市道路景观空间因其历史积淀而获得文化价值。

克里斯蒂安·诺伯格-舒尔茨提出的场所精神理论为城市的物质空间增加了一个常数,即人与这个有形空间的关系。它是文脉主义理论在城市空间层次的深入,它强调的是一个带有精神内容的空间。舒尔茨说:"场所是人与环境相互作用的产物,是空间、事件和意义的统一。"场所的本质不是其位置和功能,而是为人类存在之奥秘中心的无自我意识之意向性。每个人都会意识到自己出生、长大,现在或曾经生活有特殊体验的场所,并与之有深刻联系。这种联系构成一种个人与文化的认同和安居乐业的源泉,是人们在世界上生存的定位点。除去私人空间,城市道路空间是人们定位生活场所的起点。生活在这里的人们,其精神积淀形成文化景观,是后来者感受这个场所精神的基础。如前文讨论道路景观形态的城市尺度中列举的古典城市往往因路建城及城市道路成为城市历史文化的承载体。城市历史文化形态比较特殊,或者是有形的建筑物,或者是无形的文字记载,抑或是对城市的群体记忆。无论城市历史文化是有形还是无形,它们都影响着人们对一座城市的理解和感知,都是城市道路景观形态不可缺少的组成部分。

道路本身就是城市历史文化遗迹。完整保持空间尺度和建筑风貌的城市街道或者街区往往是一个城市的文化名片,其景观价值远超出其自身的景观形态范畴。道路覆盖城市历史文化遗迹。尽管城市道路空间形态有变化,缺少有形历史遗迹,但其位置及名称传承了一个城市的文化脉络,其文化意象给整条道路以一种深邃的历史气质。特定的时代,人们的生活方式已经沉淀在城市道路空间的每一个角落,传承下来的不是具体的文化事件,而是一种生活方式和态度。

道路串联历史文化遗迹。著名的历史文化遗迹赋予其所处道路一种特殊的文化意义。历史遗迹或者事件的文化意义就是这条道路景观形态的精髓,人们会因为这个文化意义而对这条道路或者这座城市记忆深刻。

道路是城市生活意义载体。时间能够给城市道路带来"历史"感,哪怕是一条"相貌"平平的街道。人是城市道路景观的感受主体,时间是文化积累的机器,而这种积累会在一个群体形成共同的记忆，这种记忆反映在道路景观形态中，会让道路的每一个细节都被放大成为一个城市某个时代的记号，让记忆产生意义。

城市道路是现代城市信息文化的媒体。现代城市道路布满广告、招牌和电子屏幕，不管你接受与否，城市道路已经成为巨大的信息媒体，信息文化是城市道路景观形态的重要文化要素。

城市道路景观文化要素可以分为有形的物质空间、无形的人的生活方式及文化符号三个类别。有形的物质空间包括城市道路的位置、空间形态、相关的构筑物、植被、铺装等；无形的人的生活方式是指生活在这里人们的日常生活和文化生活内容；文化符号是指与道路空间相关的历史事件和地名等。以北京朝阜大街为例，大街从元代形成到现在有700多年历史，沿线分布着许多名胜古迹、名人故居以及大片的四合院和商业店铺，这些有形的物质空间是最直接的文化景观内容，带给人厚重的历史感。人们的京腔土语、戏曲说唱、民间技艺、市井习俗、风味饮食构成色彩鲜明的生活图景。另外，京华人物、掌故传说和地名作为无形的文化符号把这条街道和城市的历史文化紧紧联系在一起。这里是老北京人眷恋和热爱的街巷、家园，游人同样会因为这些道路景观空间中有形的物质文化和无形的精神文化遗存而体验到这个城市的魅力和活力。

城市道路景观文化要素的美与形式美没有直接关联，更多的是历史感带来的精神体验，从而引发记忆和心理认同。城市道路的历史越是久远，景观文化要素的积淀就越是厚重，有形的物质文化遗存越是丰富，就越能让人强烈感受到其无形精神文化的色彩。城市道路景观强调的是其文化传承的连续性，而非全部固定在某个时刻。例如，奥斯曼彻底改造和重建了巴黎市中心，拆除了大量弯曲、狭窄的街道，建造了笔直的林荫大道和一系列纪念性建筑。但这种更新并非彻底否定的全部拆除，而是在继承旧街区文化和空间精神的基础上，满足城市发展对新功能需求的调整，与城市文化发展有对应关系，建筑的复原与城市传统一致，城市精神依然没有改变，而且城市的文化脉络也因此变得更加丰厚。再例如，位于北京西北部的白颐路在清代已形成，是城里去海淀镇的要道之一。1936年，该路铺设砾石路，20世纪50年代成为连通西郊的主要道路。白石桥是白颐路的起点，建于至元二十九年（1292），称为小白石桥，清代重修后，改称为白石桥。1982年为改造拓宽，路两旁种植白杨树，遮天蔽日，朴实无华，是名副其实的林荫大道，人、车经过时犹如在林中行走，是当时首都绿化最好的城市道路之一，曾经被阿兰·雅各布斯作为案例选入其著作《伟大的街道》。1997年，白颐路改造，有700年历史的桥被拆除，杨树全部被砍伐，道路名称也改成"中关村南大街"和"中关村大街"。现在的"白颐路"除了零星沿街建筑，很难再找到道路的历史痕迹。毫无特色的现代城市道路与原有的场所精神和文脉之间关系断裂，造成今天城市道路景观的文化缺失。

三、新城市道路景观的四个特点

（一）景观空间的延展性

城市道路空间整体上是线状空间。城市规划规范中道路红线与地块边界重合，为保证道路通行空间，根据规范地块建筑要和道路红线（地块边界）退离一定距离。传统意义上临街建筑山墙之间的空间可以理解为道路内部景观空间，道路空间不同于公园、广场（广场是街道的特殊变化部分）等其他城市空间形态，更不用说建筑内部空间。其他城市空间界线是确定的，活动和视觉范围一般不会超出空间界线，但在道路空间中，其纵向并没有明确界线，是一个连续的网状结构，并且连续性是其在城市形态中的重要体现。

彼得·琼斯等所著《交通链路与城市空间》中对传统的"用地方案"指的是地块或土地的分区，而传统的"道路方案"专注道路的通行用途，提出街道规划涵盖通行、其他街道和临街活动，以及街道空间的所有用途，把传统临街建筑和相连空间都放在规划的考虑范围内。城市道路空间横向延展到影响道路使用性质的临街建筑内部和连接的支路空间。尽管横向空间有红线控制，但道路景观空间不应该局限在这样一个U形的空间里，越过临街建筑或者建筑的空隙，目光所及的城市肌理或者自然景观都是城市道路景观空间的延展，并且在道路景观形态中占有较大比例。道路首先是观景的线路，临街建筑是城市的界面，也是道路景观的第一视觉景观层，城市和自然背景是道路景观的第二视觉景观层。道路规划实践中视觉景观的确是考虑因素，道路景观空间会延展到视觉所及的范围。如果天气晴朗，北京西北的山峦会成为很多城内道路的对景，自然景观与城市景观通过视觉关联为一体。

在城市道路上的行进当中，我们通过对城市的记忆确定自己的位置，同时通过观察道路景观的细节，体验和构筑城市给我们的意象。我们观察一座城市总是在它的街道间穿行，慢慢构筑其在自身脑海里的整体形象，由此可见，城市的意象是道路景观空间的延展。这样我们可以把城市道路景观形态的空间分为两个部分和三个层次。两个部分是指道路与其临街建筑或者自然界限框定的内部景观空间，以及此在空间之外的外部景观空间。三个层次分为：第一层是可以体验的触觉空间层，是指主体人所处的道路空间内部，在这里，人可以驻足倚靠、触摸嬉戏，身体各种感官可以直接体验的景观层次；第二层是可以观看的视觉空间层，是指更高、更远的道路景观空间，可能是道路的对景纪念物，也可能是远处城市的标志性构筑物或者山峦，它们都在人的视域范围内，但并不一定是路域范围内的景物；第三层是可以想象的意象空间层，当我们走在一条城市道路过程中，总能通过周边的景观判断我们所在的位置及方向，可以想象到转过某个标志物将要进入的另外一个场景。城市道路景观空间既是一个空间独立整体，也是一个基于城市道路网络的系统，在一个道路景观秩序井然的城市，总能有很强的辨识性，给人以明确的城市意象空间。陌生或者模糊的城市意象总会给人带来恐慌和压抑感，而熟悉和明晰的城市意象会给带来人亲切和安全感。

（二）动态景观与静态景观的统一性

城市道路景观是四维的景观体系，其静态与动态的统一建立在时间维度的加入。

首先，城市道路景观行为要素运转的动态规律明晰易见。凯文·林奇在《城市意象》中提道："城市中移动的元素，尤其人类及其活动，与静止的物质元素是同等重要的。在场景中我们不仅是简单的观察者，与其他参与者一起，我们也成为场景的组成部分。"静态物质空间背景下，人、车的通行及各种活动是道路中的动态景观，动态和静态两部分不能分离，任何一部分会因为对方的缺失而失去存在的意义。缺少行人，"动态景观"的街道就如同谢幕的舞台，再华丽的布景，"静态景观"也无法激起观众的热情。城市道路景观动态内容占有重要比例，动态的人和车是道路空间的主角，而静态的物质空间是承载动态内容的城市生活容器。香榭丽舍大街是巴黎的客厅，每当有重要的城市活动时都会在香榭丽舍大街举办，或者种上庄稼，或者作为运动场，节日时，这里更是人们狂欢聚会的场所。街道空间是静态不变的，而人们用不同的活动来"装点"它。城市道路景观的动态景观具有明确的时效性，每天随通勤要求，人流和车流时而拥挤，时而稀疏，假日和平时人、车的数量对比更为强烈。

其次，我们以不同的速度行进中，对城市形态的认知体验具有其规律性，静态环境也随之模糊或者清晰。人与人、人与车的动态与动态之间也存在着互为背景和互相观望的关系。城市道路景观与速度关系紧密，不同速度影响视觉对静态景观的观察效果，不同速度的景物也会影响静态景观的布置方式。前文已有论述，不同速度要求下，道路景观尺度细节会随之变化。在城市道路景观中体验的过程包含运动和时间两种动态概念。当我们在城市道路中间穿行时，静态的城市环境以一种动态的、随时间逐渐展开的方式被体验和阅读。戈登·卡伦（1961）提出序列视景的概念，很好地描述了城市道路景观动态变化的特性。他认为城市环境可以从一个运动的人的视角来设计，"整个城市变成一个可塑性的体验，一个经历压力和真空的旅行，一个敞开和围合、收缩和释放的序列"。城市道路景观中，人们以不同的交通方式和速度，以及不同的程序和过程来体验，在动和静两者之间不断切换，必然形成不同以往的景观感受。这是其他城市空间不具备的景观特性。

最后，城市道路景观形态是城市空间最为活跃的部分。城市的形态演变往往首先是从道路形态的改变开始，这种动态变化的时间跨度或者很漫长，或者很短暂。欧洲中世纪城市在数百年的历史中慢慢形成，街道空间的形成和变化极其缓慢，但在文艺复兴后的巴黎，奥斯曼用短短十几年时间让巴黎的道路系统有了翻天覆地的变化。城市道路是一种特定的城市场所，它是由多主体组成的复杂整体，尽管短期内大致轮廓可能静止不变，但细节上的变化从不会间断。这其中包括物质空间形态的变化、人工或自然背景的变化，还有行为主体和方式的变化等。本书把这种动态变化定义为城市道路景观形态的生长性，在整体相对静止的状态下，局部细节反而在不断更新变化。例如，业态会更替，行人每天都不同，建筑也会有局部的更新，细节的变化不会对整体造成颠覆性影响，动态与静态相互转变，相互映衬，这就是城市道路景观动静统一的特性体现。

（三）景观的意向、意象和意义

中国传统文化中的"意象"就是客观物象经过创作主体独特的情感活动而创造出来的一种艺术形象。简单地说，意象就是寓"意"之"象"，就是用来寄托主观情思的客观物象。中国古人认为"意"是内在抽象的心意，"象"是外在具体的物象；"意"源于内心并助于象来表达，"象"其实是意的寄托物。古典园林讲究"意境"的营造，用景物表达不同的生活意志，这里的"境"是空间的"象"。意象是认知主体在接触过客观事物后，根据视觉来源传递的表象信息，在思维空间中形成的有关认知客体的加工形象，在头脑里留下的物理记忆痕迹和整体的结构关系。凯文·林奇在《城市意象》中所说的"意象"是观察者与所处环境双向作用的结果。环境存在着差异和联系，观察者借助强大的适应能力，按照自己的意愿对所见事物进行选择、组织并赋予意义。他认为城市具有可意象性，即有形物体中蕴含的、对于任何观察者都很有可能唤起强烈意象的特性。物体不只是被看见，而是清晰、强烈地被感知。对于大多数人来说，道路是城市的统治性要素，城市道路景观形态具有城市意象特性，是人们识别和记忆城市的途径。凯文·林奇写到："寻找道路是环境意象的基础功能，也是建立感情联系的基础，但意象的价值不只限于这种作为指示运动方向的地图的直接意义，还有更广泛的意义，它可以是个人的行动和运用知识的广泛参照物。"道路是人类辨别方向和获得生存空间的方式，是地景在社会中作用的起点，有名称的环境可以使所有人都熟悉，使形态有了共同的记忆和符号。人们通过"阅读"城市道路景观获得对城市的认同和理解，道路空间的可识别性、连续性和方向性是城市建构的空间"句法"，城市道路景观通过空间"词汇"，赋予城市以情感和意义，人们通过道路景观空间获得城市的整体意象。

道路是具有方向性的线状空间。人们总是想弄明白通往目的地的某条线路开始和结束的地点，人们可以判断自己的位置、已经经过的距离和剩下的距离。在通行过程中，人们对道路的印象往往集中在城市景观的重要节点或者有意义的空间，因此，道路也获得了自身景观与其通向地方的关联。通过这些关联，人们获得即将进入或者进入某场所的信息，道路景观激起人们对"意向"空间的向往。道路景观是城市意象中的要素，但有时道路本身并不是目的，它也是意向空间的中介和途径。

"意义"是人对自然或社会事务的认识，亦是人给各种事物赋予的含义，还是人类以符号形式传递和交流的精神内容。城市道路景观在行为主体心中的意象堆积通过个人和社会群体事件之间的关联产生意义。"意义"可以是社会群体性的，也可以是纯粹个人生活的经历和体验。它与发生在这里的历史事件或生活在这里的著名人物有关，但对于个人来说，童年的嬉戏或者弄堂里飘出的饭菜香气都赋予一条普普通通的街道以不同意义。"意义"及道路景观的文脉是城市物质空间与人的生活相结合的产物，它与道路的空间形态是相关联的。例如北京五四大街（原沙滩北街），这里是五四运动的发祥地——原北大红楼的所在地，建筑与事件连接赋予街道历史意义。上海鲁迅故居所在的虹口区山阴路保留完好的老上海弄堂和林荫道的空间格局，结合多位文化名人的居住历史，为这种空间形态增加了文化气息。如今的山阴路依旧窄窄的，茂密的法国梧桐弥漫着一片浓绿，马路两旁没有高楼大厦，只零星散落着一些小铺子。路边有老人闲坐，抽烟、品茶、聊天，马路两旁那些老旧而形态各异的洋楼散发着一种富而不骄的绅士气。

"意象"是人对城市道路空间形态的认知，而"意向"是人在城市道路空间中对自我的定位，"意义"则是人们在城市生活中的文化认同。城市道路景观是城市意象、意向和意义的统一整体，是人们对城市认知、自我定位和文化认同的空间形态基础，这是其他类型城市空间很难具有的特性之一。以北京长安大街为例，东端建国门桥和西端复兴门桥的景观空间具有清晰的意象可读性，中心位置的天安门赋予这段道路景观以方向性，道路的宽阔和高大建筑给人以庄严感，无数历史事件赋予这条道路特殊的文化意义，使其成为当之无愧的全国人民向往的政治中心。

（四）连接和空间功能的二元对立性

城市道路功能的本质是通行与交往，同时具备城市连接路径和空间的效能，但是，这两个功能具有矛盾性。这是城市道路空间独有的特性，没有任何其他城市空间要这么多法规和规则来规范人们的行为。在这里，不仅是通行和交往之间存在矛盾，各种通行方式甚至不同通行个体之间都会因为空间的使用权利矛盾重重。

传统城市街道交往空间功能占有更大比例，随着交通技术及社会需求的变化，城市道路的连接功能逐渐成为主流。尤其汽车出现之后，开始时，城市道路不是为汽车而生，汽车是现代交通技术的衍生物，没有平整稳定的道路，汽车基本不会产生太大作用。但由于过于依赖汽车的速度和效率，现代城市道路反而成为汽车的附庸。大学教材《城市道路与交通规划》中绝大部分是关于汽车交通规划设计的内容。城市道路通行连接功能在矛盾中占到上风，道路宽度、通行速度与其人性化程度成反比，过于宽的道路相当于河流对城市空间的阻隔。在争取城市效率和活力过程中，城市出现具有排他性的汽车、步行和自行车专用道路，这种专用化方式在城市局部用回避矛盾的方式解决矛盾。现代城市建设者发现，拓宽汽车道路或者汽车专用道路并没有很好地解决汽车交通拥堵问题，本来丰富平静的城市空间被分隔破碎，让城市失去原本的活力。

城市内道路连接功能是作为主要内容道路的连接，起到了提高运输效率和通行效率的作用。当代城市建设者发现，一味地把道路变宽并不能解决问题，反而把城市的建设分隔得更远，缺少热情的氛围。连接和空间功能的二元对立成为城市道路景观营造面临的根本性问题。经过汽车发展洗礼的发达国家城市出现回归人性城市的热潮，城市道路的公共空间功能重新受到人们的重视，在合理规划的前提下，人们发现连接与空间功能混合平衡的城市道路系统不但具有活力，而且效率更高。寻找连接及拥有空间功能的二元平衡是城市道路景观发展的最终目标。

四、对新城市道路景观四元价值构成的假设

我们该如何评价和定位城市道路景观？怎么区分"好"的和"坏"的城市道路景观形态呢？

首先，价值是一个关系范畴，其所表达的是一种人与物之间需要与满足的对应关系，即事物（客体）能够满足人（主体）的一定需要。其次，价值又是一个属性范畴，它是指在特定历史条件下，外界事物的客观属性对人所发生的效应和作用以及人对之的评价。从广义上说，任何一种事物的价值应包含两个互相联系的方面：一方面是事物的存在对人的作用或意义；另一方面是人对事物有用性的评价。同一客体的价值会因自身条件和主体需求的不同而获得截然相反的价值评价，另外，同一事物从不同角度能够满足主体的各种需要，因此事物的价值具有多元性。

现有的三种城市形态为宇宙城市、机械城市和有机城市。例如，传统城市形态的价值伦理基于对神圣宇宙的敬畏，城市是"圣地"，城市街道生活围绕宗教和皇权构成，具有维护政治统治和展示军事威严的价值；以柯布西耶为代表的现代主义倡导者把城市作为居住、工作、交通和游憩的机器，速度效率和经济效益成为考虑城市道路景观价值的重要基础；有机城市理论把城市作为有机体，这个概念来自生物学的兴起，是对19世纪工业化城市无限制扩展基延以及技术空前发展的反映，把城市道路空间比作有机体的

血管。

城市是由千千万万个群体建设和维护的，它可以是一个家庭、一个企业、一个政党或者一级政府机关。每一个群体都有自己的利益和价值观念，决定城市形态的总是在社会中占有主导地位的群体，而其他群体虽然也可以对自己受到的侵害提出反对，以此来修正主导群体的决策，但也不得不适应并不符合自身价值需求的城市形态。人类社会的发展让城市的人群关系越来越复杂，城市主体与物质环境之间的价值伦理也趋于复杂。例如，政府是城市建设的主导者，也是诸多利益群体的协调者，这其中投资商的决策权重远大于其他社会群体，在涉及环境或者个体权益受损的情况下，个体与群体、群体与群体之间总是在不断地对抗和博弈，而城市形态也随之在复杂的利益关系中形成和演变。"公共"权利或利益的提法往往值得怀疑。例如，现代城市以公共利益为由，极力拓宽道路挤占步行空间，发展汽车交通，而真正得到利益是不是"公共"还有待商榷。本书无意分析城市形态价值形成的社会学原理，这里只想说明城市形态的形成是一个复杂的过程，很难用一种理论涵盖它全部的内容，它的价值构成呈现多元性和矛盾性。

根据上述问题的整体分析以及多方面考量，下面我们尝试把复杂的问题简化。城市道路景观是人工和社会的产物，无论它的构成是出于何等伟大的目的，它都回避不了人在其中的行为和感知需求。假设我们忽略不同群体价值观念的差别（也就是复杂的社会关系），把城市道路景观价值构成只围绕作为一个整体的"人"的需求展开。

城市道路是人类城市生活的空间主体，人们在其中活动、通行的同时感知、认识城市，需求是城市道路景观价值构成的基础。城市道路是人活动的场所和交通的通路，这是道路景观最基本的城市公共空间功能，也是城市道路景观空间满足人们在其中各种行为需求的基础。作为城市空间的城市道路，首先给人的是作为物质环境的感受，其次就是作为城市文化的认知，"好"的道路景观应该给人以美好的感知，相反就是"坏"的城市道路景观。

人的行为和感知是互为因果和互相影响的，行为过程产生感知，反过来感知支配行为。好的感知会增进行为的发生，并且保持良好的秩序，不好的感知会减少行为的发生，造成秩序的紊乱或者萧条。人的行为对城市道路空间具有基本的、物质性的需求，例如活动空间或者通路的尺度、建筑和设施布局、地面铺装等。所以，行为需求下的场所价值和连接价值是道路景观的基础功能价值。

（一）场所价值

场所价值是指城市道路景观作为城市中人们日常行为活动场地的属性。舒尔茨基于建筑现象学提出场所理论，他认为人生活的单纯空间属性的"场地"应该与生活在其中的人与事作为一个整体看待，定居需要的不只是"庇护所"，其真正的意义是指生活发生的空间，即场所。路易简认为"城市始于作为交流场所的公共开敞空间和街道，人际交流是城市的本源"。城市道路景观的场所价值就体现在：它是城市生活的舞台，这里与人们的日常生活和交往息息相关。衡量其价值大小的标准就是促进日常交往活动发生的能力，以及满足活动进行的空间质量，例如，留的空间多少和活动的方式多元等。简单地说，就是吸引人和容纳人活动的能力，而这一能力与其人性化程度相关。所谓人性化，就是城市道路景观对人生理和心理需求的回应，是否能够提供适合人停留、交流、自我表现、游戏和锻炼的场地以及相关的设施等。例如，适当的道路宽度；足够宽度的人行道；无障碍的步行空间；鼓励步行和骑自行车，限制但不禁止汽车；满足停留需求的边界空间；合理休憩设施的布置；适合表演、游戏和观看的场地；安全、安静和好的气候。围绕人的行为空间尺度和行为心理尺度构建起来的道路空间系统，在这里，人与人之间建立认同感，人与道路空间之间建立归属感。城市道路是城市公共空间的主要组成部分，即使是机动车交通，也没有出离城市日常行为活动的范畴，所以城市道路空间首先具备的是作为"场所"的价值，更包括这里发生过，并且正在发生，跟每个个人、团体或者全社会有关的"事件"，这些"事件"和有关的城市道路空间相结合，为"场所感"的产生提供了基本条件。

（二）连接价值

连接价值首先是指城市道路以景观作为交通连接功能的属性。罗杰·特兰西克认为，城市设计的"连接理论"源于研究连接城市不同元素之间的线，这些线是由街道、步行走廊、线性开放空间和其他一些联系元素形成的。连接理论关注道路通行连接效率的提升，把道路当作城市联系系统或网络，将重点放在系统的运动性和作为基础设施的效率上。连接理论提出，社会的内聚力和效率的积累需要依赖顺畅的流动基础，即交流条件，现代城市各种流动线路的和谐共处是其复杂性的主要表现。TEAMIO 提出："一个城市，如果真正是一个的话，不请共处，是获以各种流动为基础的韵律，即人的、机械的和自然的韵律。"三种不同的流动指的是人的步行活动、汽车的流动和自然景观的变化，构成城市道路空间的环境特征。他们认为，在现代社会背景中，"第一种流动受到压抑，第二种流动是专横的，第三种流动则表现得不够充分"。连接是城市道路的基本功能，道路景观连接价值体现在对人流、物流、车流、信息流及空间、气流、声波的疏导和传送上，其评价标准为安全性、通达性（accesibiligy）、便捷性和多样性。必须强调的是，连接价值不仅体现在对汽车流动的疏导，在共享观念下，往往需要限制汽车的行驶速度和数量。所以，本书表述的连接价值是指对城市综合流动性的评价，汽车的通行效率所占权重相应降低。另外，城市道路景观的连接价值还包括其对城市景观空间格局的连接，这种价值满足了城市的展示功能，通过它，城市成为一个具有独立个性的整体。例如，巴黎的香榭丽舍大街从最西端的协和广场经过圆点广场，最后到星形广场和凯旋门。道路成为城市景观节点空间的连接中介，同时与其构成城市景观体系，满足城市拥有者对自我价值的展示。城市道路景观的这种特点在传统城市中表现得更为突出。中世纪欧洲城市锡耶纳，城市道路或者说街道是城市建筑的外空间，与城市中心的公共建筑和空间是一个整体，街道系统是城市景观构成的最基本要素和连接中介。

（三）环境价值

人在城市道路景观中的感知需求分为对物质环境的感受和对文化内涵的认知两个部分。作为感受和认知的客体，城市道路景观具有环境和文化的价值。

感受是人通过感官系统从周围环境获得信息的一种积极的和有目的性的过程。通常将环境按照属性分为自然环境和人文环境。城市是人类物质文明和制度文明的集中体现，它同时具有自然环境和人文环境的属性。在城市道路景观中，人应用自身的感知系统认识城市及其环境。人通过视觉、听觉、嗅觉、触觉、体感来获得对城市环境的最基本认识。例如：空气的温度、湿度、流动、味道；光照和阴影；声音；空间的尺度、色彩、质感；植被、地形、水体和人工构筑物的分布等。城市道路景观的环境价值，一方面，体现在为人的感知系统提供良好的感受过程，创造舒适的活动空间，从而使人获得身心的愉悦。优良的城市道路景观能够通过地形、植被、水体、墙体、天棚、拱廊等方式营造适宜的微气候、充足的光照和平和的自然气流。适宜的气候条件和优美的物质空间环境能够满足人们对城市宜居环境的感受需求，促进人们在城市道路景观环境中各种行为的发生。另一方面，城市道路景观具有支持城市生态环境健康运行的重要意义。它把自然和人工环境融合为一个新的生态体系——人工自然，或者称为城市生态系统。城市道路景观是城市人工环境与自然环境之间的边界和中介空间，其环境价值建立在人和自然和谐共处的基础上，最终是为生活其中人的生存营造适宜的城市环境。城市环境指标大多是可以测量和可控的，可以通过技术手段在城市道路景观中营造人体适宜的环境。

（四）文化价值

认知是思考的过程，形成人对某种事物的感情和态度、喜好和厌恶。认知关注的不只是观看或者感知城市环境，还包括对环境刺激更为复杂的处理和理解过程。城市道路景观的文化价值存在于人们对其共同生活的城市环境的理解和珍惜，或者称为认同感和归属感。城市道路景观是记录城市成长过程的空间载体，静态的建筑空间和动态的生活方式，以及无形的历史事件，经过时间的过滤，沉淀在城市道路景观之中。

参与城市历史文化生成的人们获得相互之间的认同，这种认同与生活的城市道路环境具有一定相关性，或称为归属感；而外来者在具备文化内涵的城市道路中，通过对其景观的理解获得对其文化内涵的认知，进而形成对城市的理解和心智图景。城市道路景观的文化价值表现在对内部人群的凝聚，形成统一的文化核心和认同感；对外部人群则具有展示和教育的功能，文化的差异给人以新奇和学习的快感。城市道路景观的文化价值与其景观的质量无关，而与生活在其中的人和发生的事件息息相关，建筑质量和环境基本相同的道路会因为生活在其中的人和其他活动的品质而获得截然不同的文化价值评价。

城市道路景观的文化价值也体现在其对地域文化脉络的保持和延续，其最重要的特征就是缓慢的逐渐演化的过程，或者说是时间历史的积累。突发性剧烈的改造，即使是按照城市道路某个时期的形态来营造，也会造成文化脉络的断裂和消失。以北京前门大街的改造为例。目前改造后的前门大街在建筑形式、装饰符号和材料选择上可谓明清味道很浓。但就其文化价值而言，笔者认为，它的改造是采取的一种破坏性的文化装扮方式，人为地把它恢复成一个具有明清时代街道场景的舞台布景。中华人民共和国成立后几十年的历史发展过程被强行抹去，内部人们失去了对其景观的认同感和归属感，而外部人们也看不到它原本真实的"身段"和"面容"，不能不说这是一个极大的遗憾。由此可见，以文化为名的改造使前门大街失去了文化价值。

在这个价值构成中似乎缺少了重要的一环，就是城市道路景观的美学价值。真、善、美是人类社会的最高追求，美本身就是一种价值判断（这里不仅限于物质的形式美），而"美"或者"不美"的标准受到人群价值观念的影响。笔者认为，城市道路景观的"美"来自其价值的充分体现。本书四元价值构成中把城市道路景观美的价值分别体现在四个方面：①作为场所价值的空间人性美；②作为连接价值的运行秩序美；③作为环境价值的生态和谐美；④作为文化价值的文化艺术美。

五、基于四元价值构成的新城市道路景观形态层次模型

如上所述，我们已经获得基于人的行为和感知需求的城市道路景观四元价值构成，下面我们将进一步探讨利用它来构建城市道路景观的形态层次模型，从而深入探讨四元价值构成的逻辑性和适用性。

城市道路景观形态层次模型二维结构中，四个层次是同心包囊关系。最外层是人性场所，是构建后层次，可以称为价值基础层，具有基础性和稳定性，是其他值，其功能是人性场所城市化和系统化的结果，是城市空间社会流通角度的"人性化"，过于重视连接功

能反而会损坏道路景观的特性；环境景观层是道路景观形态的物质空间形象层，该部分是外围两个层次内容空间外化的结果，处于形态模型的第三层；文化内涵是层次模型的精神核心，是物质空间形态的意象层，道路空间特征在历史进程中与社会文化的意义结合，具有特定的、超越形式的意义。

城市道路景观形态层次模型三维结构中，四个层次是金字塔结构，更进一步地阐述了前文对其形态构成的观点。人性场所层是基础，连接功能需要建立在人性维度的基础之上，环境景观层是基于下面两个层次物质空间内容的城市空间形象体现，形而上的文化内涵层是金字塔尖。城市道路景观形态层次模型的构成逻辑是根据人需求程度的强弱和营造的难易。跟人的需求联系最直接的是人性场所，连接功能是人需求的社会化表现，这两个层面跟人的城市生活直接关联，能够通过经济和技术手段快速获得。环境景观是城市功能的附带产物，涉及因素很多，评价标准各异。笔者认为，环境景观是自然和人工共同作用的结果，是连接功能和文化内涵之间的中介层，是文化内涵的空间载体。环境景观的营造是多种功能和价值平衡的结果。例如，城市道路的建设必然会对自然环境造成影响，或者对景观造成破坏，同时道路也给景观一种被发现和展示的机会，如何获得景观与连接价值的平衡是设计师最重要的任务。另外，环境景观突出环境，提倡保护原生景观，不提倡通过大规模景观绿化获得所谓理想的"景观"。而文化内涵更多是形而上的非物质观念，需要时间的积累。这两个层次和生活的质量有关，但不涉及人的生存根本，与城市形态和文化相关，主体较多，形成过程漫长。

城市道路景观形态层次模型的建立需阐明以下六个观点：①模型是一个整体，各层次不能独立存在，各层次之间具有相互支撑和互为因果的关系；②人性维度是城市道路景观形态的基本价值诉求，是建立其他层次的基础；③场所和连接功能是道路景观形态的行为主体；④环境景观强调其地域性和自然属性；⑤文化内涵具有时间特性，体现历史的持续性，而非停滞在某个具体的时间段；⑥文化内涵是道路景观形态的核心和精髓。

层次模型为我们认识城市道路提供了一个新的角度，建立一种把城市道路作为城市构筑物的独立形式，而不仅是城市节点的连接路径，或者是城市建筑之间空地的认识。通过层次模型的建立，我们甚至可以把城市广场作为特殊的城市道路空间形式纳入城市道路景观体系中。层次模型更深入地剖析了城市道路景观形态。第一，确定了道路景观形态的人性场所价值观，并且要求人性场所层面在城市尺度上不只是点状的分布，而是连续的空间体系；第二，明确道路功能是建立人性维度之上的；第三，环境景观只是道路景观形态的一个层面，并且要把道路功能空间都纳入视觉景观范畴内来进行考虑；第四，把城市道路与城市文脉的继承联系起来。

六、新城市道路景观的评价原则

（一）三个尺度的统一性原则

新城市道路景观三个尺度的统一性是指人、车和城市的"共存"。首先，人和车的统一，新城市道路景观空间包容人的小尺度、慢速度和汽车的大尺度、快速度，分为在单一道路空间的包容和不同道路类型的包容两种方式，人车共享道路、慢行道路和快速道路理性地统一在城市的道路系统内，形成人、车并重，交通效率和空间质量同等重要的道路景观系统；其次，是指不同城市形态的"共存"，传统城市体系和新城市体系在人和车的尺度共存基础上获得保护和发展；最后，城市道路景观在城市尺度的统一，也指其回归于具有城市景观整体性的传统城市街道景观特征，每一条道路都将是城市景观系统中不可或缺的一部分。三个尺度之间以人的尺度为灵魂，以城市尺度为躯体，以汽车尺度为经络，共同构建新城市交通系统和道路景观体系。

新城市道路景观是一个包容性的复杂系统，不排斥汽车，但行人和自行车优先，效率是建立在人性化和环境质量基础之上的；不排斥快速道路，但是以城市文化和景观的整体性为基准，以人性维度为中心，避免本末倒置，盲目追求效率。

（二）三种要素的和谐性原则

城市道路景观的空间、行为与文化之间是互为因果的关系。城市文化指引社会中人的行为方式，人的行为影响空间形态的演化，景观空间本身又是城市文化的物质形态之一。反过来，社会文化决定景观空间形态，物质空间形态对人的行为方式具有决定性影响，人行为方式的转变造成社会文化的演变。例如，汽车的广泛使用是社会文明发展的标志，社会文化转变造成人行为方式的改变，原本以步行为主要交通方式的传统城市开始转向以汽车为主要交通方式的现代化城市，造成道路景观空间的尺度和内容的转变，转变后的道路空间直接体现了城市文化的演变。

所谓和谐，是三种要素之间互相促进健康发展的关系。人类社会具有不断发展和完善的原动力，总是在回旋发展的过程之中，发扬优秀文化，摒弃落后文化，用构建空间要素的方式引导或者倡导理性的行为方式，维护健康的城市文化发展方向。例如，创造便捷、安全、舒适的慢行空间，引导人们减少对汽车的使用，形成新的城市交通文化潮流；用主动改变的行为方式促成城市道路空间要素改变。例如，减少汽车的使用，促进步行、骑自行车和坐公交车出行等，因此来改变道路空间要素的使用强度，推进社会行政力量对城市环境的慢速化和人性化改进。

　　道路景观空间、行为和文化三种要素的和谐性是一座城市健康发展的基础。传统城市之所以具有巨大的魅力，不外乎其道路空间形态是城市传统文明在城市空间上的物化，它是城市居民生活过程的物质体系，是文化、行为和空间和谐的最高形式。工业文明打破了这种和谐，快速交通破坏了道路空间的和谐尺度，造成社会文化的缺失，走向一个恶性循环的发展方向。而新城市道路景观的评价标准之一就是要回归其三种要素的和谐关系，人们要克制发展脚步，转变快速行进的习惯，用新的健康的城市发展理念和健康生活理念去引导城市道路物质空间的构建，倡导适合新的文化和空间形态的城市道路行为方式。

（三）四种特性的兼容性原则

　　城市道路景观的四个特性多是矛盾的共同体，而评价其特性的优良品质就表现在其内在矛盾的兼容性上。首先，空间的延展性，决定了城市道路景观不是单纯内部空间的营造，其内外景观空间的兼容是成败的关键。例如，欧洲城市林荫大道总是使用对景的方式，将著名的建筑和不同的道路联系在一起，这些道路景观多是因为与其形成对景关系的外部观空间要素，才成就了其不同于其他道路景观的独特性；或者是道路所处的特殊位置决定其景观地位，例如，城市的轴线道路等都说明了内部景观空间要素和外部景观空间要素之间兼容的重要性。其次，动态景观与静态景观的兼容性，代表了人与人、人与道路物质空间之间的兼容统一。静态的人总是观望动态的人，每一个人都是其他人观望的对象，只有互相非容的形态，人们之间才能充分享受这种互相观望的道路景观乐趣；人、车的动态和环境的静态景观要素之间的秩序和关联造就完美的城市道路景观整体，但是过分强势的汽车专用道路，大量动态要素与静态环境之间的关系不和谐、不兼容，很难形成优质的道路景观环境。再次，景观意象、意向和意义的兼容，代表了城市道路景观形态与城市空间之间的兼容，以及城市文化之间的兼容，人们在这样的城市空间中非常容易确定方位，进而获得空间的归属感和文化的认同感。最后，连接与空间这对矛盾之间的兼容，连接是道路的本分，但空间是其本质，道路景观连接和空间之间的兼容在给人们通行带来便捷、安全和舒适的同时，也要让人们享受到城市公共空间带给人们的城市生活乐趣和记忆，让人们在城市中不是简单地生存，而是真实地生活。

（四）四元价值构成的平衡性原则

　　城市道路景观的四元价值构成是基于人对道路景观环境的行为需求和感知需求，其本身具有评价道路景观水平的基础，但其四元价值构成之间的平衡性代表了一种价值判断基准的和谐关系，是更高层次的评价标准。场所价值、连接价值、环境价值、文化价值四者共同构建城市道路景观的基本层次模型，其金字塔形的平衡关系决定了每种价值在体系之中的位置和作用。任何一种价值的缺失或者过于突出强势都会造成层次模型的变异，形成不和谐的城市道路景观模式。

场所价值是城市道路景观的存在基础，通道也是场所的一种，城市道路的本质是空间，场所是城市公共空间的意义升华，也是道路景观的意义所在，而其人性维度的考察是最重要的指标。连接是建立在场所之上，但不能破坏场所的存在，这就是平衡，连接最重要的价值表现就是各种交通主体和方式的共享程度。在行为需求满足的基础上是满足人的感知需求，城市道路景观的环境价值是道路与环境的对话，对地方环境和文化的尊重是获得道路景观价值构成平衡最好的办法。文化价值是城市道路景观最高层次的价值表现，是通过城市历史和生活内容积累形成的物质或非物质的文化财富，它无法在短时间内获得，但处理不当却能很快消失。文化价值没有极限，历史越久，生活越多，文化价值就越多，它的增多和加强不但是道路景观的基础，而且是整个城市层次提升的基础。文化价值体现在时间积累的长度和内容多元的广度两方面。环境价值亦然，尊重地方环境，具备优良生态环境基础的道路是城市不可多得的财富，它和文化价值都属于道路景观价值的上层价值，与场所和连接价值之间既有关联，也有矛盾，在获得场所空间和连接通道的同时，努力延续地方文脉，尊重地方原生环境，才能在场所、连接、环境与文化之间获得平衡。

第五节　新城市道路时代的到来

人类文明不会停止发展的脚步，无论曾经发生了怎样的错误和迷失，总是能够向着更光明的方向前进。随着 21 世纪的到来，城市建设和发展迎来了一个新的时代，时代巨轮不停地向前驶进，正如工业革命转变了传统城市的发展规矩，新时代发展的动力基础就是信息技术和生态理念所带来的社会巨变。

信息技术促进了全球一体化程度的加快。网络速度代替了汽车的移动速度，成为人类新的追求目标，在古时候车马很慢，信息的交流需要人与人或人与信之间进行交换流通。但是，信息技术的产生让信息变得更加容易传送传输给每一个人，或者是想要传送的单独目标，其都能满足于此。人们不再热衷快速的实体空间转换，而是大容量、高速的虚拟空间转换。扩大物质空间已经无法创造更多的社会效益，反而是虚拟空间的扩大极大地拓展了每个人的社会价值。信息时代不需要工业时代用空间和环境换效益的发展模式。

技术发展让人类在地球上越来越显得无所不能，物质空间的秘密越来越少，生活环境却越来越糟糕。生态思想的普遍传播和被接受让人们从征服自然的热情中冷静下来，开始以人和自然和谐共存为发展目标。城市发展模式也从粗放扩张向精明、有机和紧凑的发展模式转变。

新技术和新理念预示新城市时代的来临。像欧洲文艺复兴重新发展古希腊的人本主义思想一样，现代人重新发现了传统城市街道空间的意义和价值。新的城市发展模式有两个突出特性，就是回归传统城市文化和创新现代城市技术。这两个特性促进新城市道路体系的形成，可以总结为以下几个方面：

一、新城市主义：传统城市街道生活的回归

在美国，面对现代主义城市道路系统主导下城市发展逐渐显现出的各种城市问题，城市研究和规划专家提出用传统城市空间规则来应对现代城市问题的策略。1990年以后，以杜阿尼、卡尔索普为代表，这种"新传统规划"逐渐成长为"新城市主义"运动。这一运动开始是针对第二次世界大战以来美国兴起的郊区化发展模式和单一性社区规划，以美国传统小镇的空间模式为蓝本，发展适合步行的多样性社区。

新城市主义依托原本发展较好的国家作为发展依据，经过本土的情况分析，为新城市建设奠定了坚实的理论基础。随着理论的不断完善，现在新城市主义已经发展成为在区域、城市和社区不同尺度空间规划设计的指导原则。其主要特征是利用地铁、轻轨等轨道交通及公交干线等公共交通工具，然后以公交站点为中心，以5—10min的步行路程，以400—800m为半径，建立集合办公、商业、文化、教育、居住等功能为一体的社区单元，称为TOD（Transit Oriented Development）。在这种规划模式下，其形成一整套在现代城市中回归传统城市街道生活的解决方案。

新城市主义的规划原则是一个灵活的工具箱，其核心可以总结为：①公共交通连接城市单元；②规划单元内是以步行为主；③规划单元的土地利用、人口组成力求多样性；④规划宗旨是创造场所，消除现代主义道路系统的负面影响。

新城市主义提出的街道和交通系统由公共交通、主干道、副干道（连接道路）、商业街、地方街道和后巷组成。其路网有以下特点：①在不损害行车安全、街边停车或自行车可达性的前提下，采用尽量小尺度、慢车速和机动车道少的道路；②所有道路必须种植成荫的行道树；③所有道路都要铺设至少1.5m宽的无障碍人行道；④除了主干道，所有道路支持街边停车；⑤交叉口设计应该同时为步行者和车流交通服务，最小化交叉口尺度及转弯半径，限制汽车速度，方便行人通过；⑥尽量避免主干道穿越TOD单元，步行穿越主干道尽量采用地面方式，除非绝对需要，否则不建议采用地下通道和过街天桥；⑦TOD

内副干道（连接道路）要达到汽车、自行车、行人共同通行的目的，同时，建立高密度副干道网络，提供多种路径选择，有利于疏导分散交通；⑧位于核心商业区中心的道路应该设计成能够容纳行人、慢行车流、街边停车的良好购物环境；⑨地方街道要尽量狭窄，减小行车速度，提高绿荫覆盖率，但要满足普通车流和市政车辆的正常出入；⑩条件允许时，尽量在住宅和商业用地之间使用后巷，构成方便的步行系统。建立统一的自行车通行系统。公交线路要满足区域需求，主公交车站要位于 TOD 的核心区域，辅助线路要靠近公园和公共设施，所有公交车站都要提供适合全天候的候车区，要有方便、舒适、安全的穿越条件。尽量减少地面停车场，采取地下或者停车楼的方式停车，地面停车场要种植足够的树木，形成遮盖。新城市主义逐渐在美国旧城复兴改造和新城建设中形成力量，开始扭转第二次世界大战以后城市无序蔓延的态势，并且，在曾经衰败的城市中心重新获得城市活力。新城市运动已经不再是简单的开发模式，而是一种城市改造和建设的策略，或者说是发展的新方式，在这种方式下发展的城市就是本书所提出的新城市。

新城市体系的核心是对以人为本的重视，所有城市道路形态设计都是在以人为本的前提下，即使是区域尺度的规划也要分解转化到以人为本。其应用的工具自古就有，就是传统城市街道空间的设计原则，但应对的却是更为复杂的现代城市发展需求。新城市道路时代的道路最明显的代表就是对传统城市街道生活的回归，将迷失在现代主义城市道路系统中的城市生活寻找回来。考察一个城市是不是新城市的标志就是一个 8 岁的孩子是否可以不和汽车"斗智斗勇"，安全便利地自己骑车去街角买冰棍。

新城市主义带给现代城市回归传统和活力的机会。目前，新城市主义联合会（CUN）成为倡导新城市发展的重要理论产生机构，积极探索新城市发展的新模式和新方向。例如，推动城市快速路系统改造运动，促成类似高线公园一类的新式城市公园系统的建设等。新城市道路体系将是现代城市在传统规则下的不断创新发展的重要领域。

二、紧凑城市：新城市道路体系的多样性和复杂性

第二次世界大战以后，传统城市在现代交通和信息技术的基础上迅速膨胀，城市道路无限蔓延，城市中心衰落。都市空间呈离心状态，居住越来越分散，大型购物中心和封闭的快速道路使得城市空间功能单一，失去活力。近年来，新城市发展开始向紧凑城市形态转变。紧凑城市是在应对城市无序蔓延发展问题时提出来的城市可持续发展理念，是一种基于土地资源高效利用和城市精致发展的新思维。紧凑城市的形态倡导提高城市中人口和建筑的密度，提倡土地混合使用和密集开发的方法，主张人们居住、工作和生活服务就近的原则，包括功能紧凑、规模紧凑和结构紧凑三个方面。

　　紧凑城市与新城市主义思想有相通之处，它主要是强调城市中心的高密度和多样性发展，强调城市圈之间利用公共交通实现紧凑城市中心之间的连接，即使不用私人汽车，也可以获得方便的日常生活，充分保障城市的绿地空间和滨水区域，为城市创造良好的生态环境。

　　紧凑城市发展方式促进城市空间的多样性和复杂性发展。越是多样的土地利用方式和紧凑的发展模式，越能焕发城市中心的活力，越是复杂的人口构成，越能促进城市发展的多样性分化，城市生活像一个雪球越滚越大，城市的街道空间的组合模式也会越来越多样和复杂化。

（一）步行街道和快速机动车道共存的立体化城市道路

　　由于步行街道和快速路车道相互共存的组合，开始在时代的脚步中摸索前进，最终取得了现如今的成果。在紧凑化发展的城市中心，立体化道路最为普遍。总体来说，有以下两种模式：

　　第一种是地面汽车道路与建筑之间步行廊道的立体模式。这种模式多在土地资源稀缺的都市，例如，以中国香港和日本东京最为多见，地面为机动车道，利用高密度的高层建筑，在地面道路之上建设步行长廊，长廊将不同的建筑连接起来，步行者可以在长廊之间穿行，与地面的机动车之间没有交叉，各得其所。

　　第二种是将快速路埋入地下，地上保留城市开放空间的城市道路模式，这种案例非常多。例如，美国波士顿的大开挖工程、西雅图滨水区改造和荷兰玛斯垂克 A2 城市快速路改造工程等。2011 年，West8 与亨姆伯雷（Humblé）建筑事务所联手进行了 A2 城市快速路的改造设计，将道路改造为地下和地表两部分，地上是步行休闲空间，地下为快速路，形成多层立体化城市道路体系；地下两层隧道将不同去向的车流进行了分流，减少了车道之间的相互干扰，城市中心区的地表空间则被改造成绿色休闲带状公园，将城市南北向破碎的绿地空间整合在一起，休闲带内布置步行道和自行车道。立体化城市道路的修建改变了原本快速道路对城市空间的分割，同时提升了改造后土地的价值。市中心区域恢复了活力，成为兼具生态、休闲娱乐和社会服务的城市空间。

（二）多模式城市道路空间：交通枢纽

　　紧凑的城市促成建筑与道路空间的互相渗透。道路交通是建筑空间的延伸，建筑空间是道路交通空间的节点，二者融合在一起形成模式多样的城市综合空间体系。

　　现代城市交通枢纽的功能和形式非常复杂，可以认为是轨道交通、建筑空间、城市道路穿插渗透形成的多模式城市道路空间。这里往往包含了机动车交通和停放、轨道交通等公共交通换乘、休闲购物等多种城市功能，由地上地下多个层次、多种组合方式构成。人们在室内空间与室外空间、地上空间与地下空间之间穿行，公共交通和城市生活功能之间可以无接缝地转换。很难说哪里是建筑、哪里是道路，它们融合在一个综合的体系内部，充分体现出紧凑城市空间的复杂性和多样性。

德国柏林 Hauptbahnhof 火车站是一个综合的交通枢纽，多种不同的交通方式交会于此，包括地区铁路、郊区铁路、地铁、公共汽车、私人汽车和水路交通等。不同的交通方式被分别安排在负二层、一层和二层，负一层为商业空间。整个空间被十字形的玻璃屋顶覆盖，形成巨大的中央大厅。站台与站台之间的通道与商店和餐饮结合成为热闹的街市，上层则是办公空间。

北京西直门交通枢纽也是非常典型的多模式城市道路空间案例。这里的地铁换乘发生在西环广场建筑内部，建筑通过地下通道与西直门立交桥其他角落的建筑和公共交通相连，建筑一层和地下是商业空间，上层是办公空间，周边是商业和餐饮建筑，乘坐地铁和公共交通的人流汇集在这里。立交桥辅路与火车站交通广场连接为一体，步行、自行车、公交车、铁和铁路交通错综复杂。

新城市主义的发展原则中也将城市公共交通枢纽作为城市中心。随着公共交通的完善，越来越多的人口将依赖公共交通体系完成在城市中的位置转移，同时在这一过程中参与和完成各种城市生活内容，如购物、休闲、交友等，交通枢纽将会发展成更综合的城市公共空间体系。这个体系是在城市紧凑发展理念、新的交通和信息技术的基础上，城市道路系统的又一次发展飞跃。

（三）建筑内部的街道化和街道的内部化

现代城市汽车发展压缩传统城市街道空间，城市综合体代替城市街市，成为城市主要的商业活动场所。大型商业空间的出现吸引大量人流，更加造成户外商业环境的倒退，这种现象似乎预示了传统商业街道的死亡。但随着紧凑城市的发展，出现了城市中建筑空间和街道空间互相转化的现象。

首先，大型城市综合体为了吸引更多市民到来并且停留更长时间，往往把建筑内部空间按照传统街道的方式进行建造，公共空间增加户外常用的座椅、灯具、花坛等，甚至有公交站牌。利用传统街区的建筑符号和砖石材料，让人们在建筑内部好像回到传统街道里遛弯、购物和休闲。

其次，为了商业活动不受天气条件影响，营造更热闹的商业气氛，在商业街上增加顶棚，形成带顶棚的街道。除了增加营业时间以外，顶棚是非常突出装饰和渲染商业气氛的要素，顶棚在夜晚又转化为灯光和装饰照明，给人以非常新奇的购物体验。

（四）多元化城市道路空间

现代都市不断增加的人口密度和交通量使城市的道路空间极其珍贵。为限制汽车和满足人们的多样化需求，同时考虑高密度的城市空间条件，催生出非常多样化的城市道路空间形态。城市道路的使用在快速、慢速交通和休闲公共空间中往往采取交叉融合的方式，形成多元化的城市道路空间。

与现代主义道路分隔专用的策略不同，多元化城市道路空间构建多种道路形态并存的模式。例如，西班牙多条城市干道采取机动车、自行车、步行、有轨电车并置的方式，快速、慢速交通，甚至生态保护和休闲功能也能在一个道路空间中并存。

还有一类多元化城市道路空间是将原高架铁路改建为休闲步道，休闲步道与城市道路并置，形成多层次、多功能的多元化城市道路空间。典型案例是巴黎的绿荫步道和纽约的高线公园。在巴黎高架绿荫步道下建造商业建筑，步道在建筑顶部，由步道和绿化组成，商业建筑面朝城市道路，形成一个空间转化变化丰富、功能多样并置的多元化城市道路系统。纽约高架铁路建造于 20 世纪 30 年代，长约 2.33km，从曼哈顿西区的甘瑟鲁特大道起，到纽约市第 34 大道止。改造项目以非常新颖的城市立体公园理念，打造了一个与城市道路并行、成为城市道路附属的休闲空间，利用城市交通废弃设施，构建城市道路的多元空间，站立其上可以将哈德逊河和纽约市天际线尽收眼底。纽约的高线公园不具备巴黎绿荫步道下面的商业建筑，而且高架桥穿插于建筑之间，形成一个独特的城市线状公共空间，它与周边的城市道路相呼应和变化转化，为城市交通设施和线路的发展演变提出了独特的解决方案。

三、步行城市：后汽车时代城市道路的价值伦理

在不断拓宽汽车道路的时代，道路的宽度赶不上汽车的增长速度，道路景观的恶化是毁灭性的。当回归传统城市公共空间政策时，很多人担心我们因已经习惯汽车的城市而崩溃。首尔拆除清溪川高架快速路工程就曾有市民强烈反对，甚至发生冲突。但事实证明，回归传统和创新，通过扩宽人行道的宽度，新的城市道路景观引导新的城市生活方式，没有汽车，我们的城市一样可以很便捷，在步行城市中，我们可以更充分地享受城市生活。1962 年，哥本哈根设立了第一条步行街，到 2000 年，其已经形成一个面积达到 99780m² 的，由步行街、步行优先街道和广场构成的城市无机动交通系统。一个步行城市的时代逐渐来临。

现代主义城市道路的功能单一性决定了其价值结构的简单化，就是功能至上，交通效率是最大的价值追求。但是城市不是机器，它是一个人、自然以及社会的综合系统，城市

道路作为城市重要的构成要素和公共空间系统，担负的责任远远超出交通工程师和市政工程师设计的范畴。新城市主义的倡导者卡尔索普曾经指出："我们需要这样的城市设计师，他们应该了解工程、开放空间、交通和水的问题。他们也要了解经济发展，同时必须了解开放所产生的社会影响和道德伦理问题。"这表达出城市设计的综合性和价值取向的复杂性。后汽车时代的新城市道路摒弃现代主义道路汽车至上的价值观，倡导创建以步行优先的道路系统，其价值核心是人性化和人的尺度。

后汽车时代的城市道路是活力和效率兼顾的系统。只有人能直接活动和参与道路空间才具有活力，汽车的洪流是造成城市开放空间活力缺少的主要原因。将城市控制在一定范围内，理性发展，紧凑发展，在使城市获得活力的同时，形成更为理性的效率观念，即不能以高效率为评价城市的标准，应该在效率和活力之间形成平衡。城市道路系统在其中心获得高活力，在其外围获得高效率。活力和效率应该是整体性的，城市或者社会局部的活力和效率会因为没有持续的资源或者过于集中的能量消耗而无法持续长久，只有城市整体的活力和效率平衡发展，才能获得可持续的力量。

后汽车时代，城市道路不再仅仅是提供交通路径，而是与城市生活、城市文化，以及城市生态环境发展联系在一起。在更为完善的价值构成体系下，城市道路承担起更多的城市责任，还原其本来应该扮演的城市角色，在丰富城市生活、保护和传承城市文化、改善城市生态环境方面发挥不可替代的作用。

第五章　城市道路景观规划设计的基本原理与原则

作为道路景观设计者，只有遵循生态学原理、艺术构图原理等方面的基本理论，才能正确认识世界，以人为本，创造和谐美感、持续发展的优秀作品。城市的道路景观是城市景观的框架，城市道路景观规划设计涉及生态学方面的基本原理、艺术构图方面的原理和道路景观规划前的调查分析、规划的原则等方面。其焦点在于景观空间组织、异质性的维持和发展。在城市道路总体规划设计时，必须把城市景观作为一个整体单位来考虑，始终要协调人与环境、社会经济发展与资源环境、生物与生物、生物与非生物及生态统之间的关系。

第一节　城市道路景观规划设计的基本原理

一、生态学的基本原理

生态学科的本质含义是探索世界生物与其环境之间有着怎样微妙的联系、世界生物会对生态环境做出哪些影响，以及生态环境的变化对世界生物的不同物种有着怎样的影响和意义。我们都知道生物的含义包括哺乳动物胎生动物卵生动物以及草本植物，还有我们本身以及我们本身看不到的微观生物，它们都有不同的环境需求。在此我们以咸水带鱼，以及淡水带鱼举例，咸水带鱼生活在大海内，其需要高压的环境才可以生存，并且不需要足够的光，但是淡水带鱼与其有着明显不同，不需要较大的压强就可以生存。由此我们可以看出环境对生物的影响的重要性。随着社会的发展，科学家在研究环境对生物的影响时，同时创造了这一理论体系，当今社会，过度开发环境导致二氧化碳过高，影响了全球的生态环境，对我们人类也造成了或多或少的影响，而在我国城市发展经济基础逐渐好转的大局观下，我们秉持一句老话："要想富，先修路。"不仅是城市，城市之间的交通纽带更是城市内部的传送带。在我国更注重环境保护的同时，城市规划也变得更合理起来。日益严重的生态环境给我国也带来了严峻挑战，在设计中，我们会经常利用一些光合作用来强调生命力旺盛，用美观好看的植物来设计点缀道路的景观。一个良好的、经验丰富的设计师就应该有丰富的植物学经验，并且能将其融入道路设计中。

（一）植物生态学原理

植物生态学以生态学为基础研究探索植物对环境以及人的作用，这就显得植物生态学在人类的环境中有着至关重要的作用。我们在改善沙漠化环境的时候经常利用白杨树以及生存耐旱强且容易存活的植物，在保护土壤的同时，又能改善环境。

1. 每种植物对生长环境都有不同需求

对某一种或者某一类植物适宜的生态环境对其他某一类植物可能就会适得其反，因此，我们不得不仔细研究每一种植物的生活特性。某一种植物的舒适环境需要有适宜的光照温度，例如，有些植物属于阴性植物，更喜欢弱光，而有些植物是阳性植物，喜欢向阳，还有些植物对湿度也有着不同要求，例如大部分花卉类植物与仙人掌、仙人球共同栽培在沙漠中，结果毋庸置疑，仙人掌、仙人球苗壮生长，而大部分花卉类植物枯萎凋亡。当然，植物也与动物相同，对气压也有着不同需求，长在高海拔的植物和低海拔的植物有着很大不同。在生态环境中还有一部分微观因素也影响的植物的生长。自然界不同地区所含有的物质也是不一样的，例如我国北方更适合种小麦、玉米等作物，在城市建设中，植物的环境影响还有多种因素，我们可以人工进行干预，以保证植物的正常生长，但是这也耗费了相当巨大的人力和物力，这就需要设计者有充分的经验，在尽量节省资源的情况下，保证维护城市中环保植物的健康生长。

2. 不同环境群落对不同生物的影响也是不一样的

在植物中，同样复合的不同种的植物需要不同的生态环境，这也是植物健康生长的核心要素之一。为植物生态提供良好的运行机制和能量在植物当中还有一些神奇的现象，比如说两种品种不同的植物在一起生长会得到"1+1>2"的情况，会让生态系统更稳定良好地运行。目前在我国城市建设的道路景观中，我们多以乔木灌木和一级藤本植物相互搭配，并在其中放入少量易存活且美观的花卉来点缀，让人们眼前一亮，在保护环境的同时，也让我们赏心悦目，提升人民的满意度和幸福感。

3. 植物的他感作用

有很多植物在生长过程当中会在根系部位或者其他组织释放不同的化学物质，其中有些化学物质进入土壤中会改变土壤的品质与元素含量，也可以认为是改变了周围的土壤环境。这就很有可能影响其他植物的生长，甚至有些植物的根系会分泌出一些有害物质，制约其他植物的生长，我们科学家在研究了植物他感作用的同时，找到了他感作用规律。把相互搭配、可以相互生长的植物放在一起，这样不仅能保持多种植物的稳定生长，还能减少其他草类植物生长，既减少了除草工作，节约了人力和物力，还能保持美观。

（二）景观生态学原理

我国城市道路景观布置和设计不仅要保持城市环境的美观，达到环保的总要求，还需要创造出良好安全的交通环境，那么我们就需要对道路两旁选配的植物有所规划，例如，在道路两旁不要种植过于高大、浓密的树木，以防遮挡汽车司机的视线，在刮风下雨的时候也不会出现树木突然折断的情况，影响交通，危害市民的交通安全。在考虑这些安全隐患的同时，我们始终要把道路安全放在首位。在环境美化与生态系统以及道路安全之间做出相应合理的取舍，得到一个安定、祥和、美丽的城市街道景观，从而有利于城市的发展。

1. 景观异质化

在都市生活中，人类望着单一的植物品种难免会觉得单调乏味，如果在都市生活中，植物的品种复杂，往往也会给人类带来不一样的感觉，从而促进我国城市化景观的多元化发展。

2. 板块及走廊

我国部分城市道路的景观是一个人工痕迹十分明显的产物，其铺满了青石等材料，而类似真正的土壤却少之又少，有些忘记了道路景观本质的区别，产生了舍本逐末的情况，在未来的景观中，我们应尽量改变现状，增加土壤的涵盖量，特别是在绿化相对较少的街道上，可以使城市环境稳定，达到人与自然相结合，人生活在大自然中的美丽景象。

3. 实现多层次

目前，我国道路景观不够立体，扁平化十足，这不利于人类的生活要求。我们要增加景观的立体性，让景观变得更加丰富，从不同层次上深入发展，以不同植物的生活习性、生存特点培养出新的结构种植体系，让我们仿佛身处大自然当中，而不是身处忙乱的都市当中。

4. 对生物多样性保护

在我国的发展当中一直强调生物的多样性对人类的生活是有多么重要，在我国城市景观自然环境的保护中，也应该尽可能多地保护植物的观赏性，同时保护植物品种多样。例如观赏性植物群落、抗逆型植物群落、保健型植物群落、知识型植物群落、文化环境型植物群落等。

二、艺术构图的基本原理

当前，我国城镇街道景观的设计是依据当地的自然环境、人文气息、环境保护理念创造的，我们在遵循这些方法的同时，也更加注重其实用性，使景观变得和谐，让城市内的人们享受美好的城市环境。我们经常说，城镇的设计就像是马良的神笔在纸上画出一道，所以我们应该更加谨慎，把内容变得更加优美，甚至以自然环境为基础。在掌握城市道路建设中各个服务设施楼房建筑的比例的同时，让整个造景更加富有韵味。

（一）变化与统一的原理

一组道路的路面铺装使用砖、石、水泥等，其所占面积必须要有主次之分，不可等量使用，创造材料与质地的变化与统一。例如，道路亮化的灯具是城市道路空间轮廓中重要的景观元素之一，根据城市道路自身的特点，在灯具形式上要保持类型的统一，同时在悬臂的组合、步道灯、广告灯箱及装饰灯的设计方面考虑具体的情况并进行调整变化。

（二）均衡与稳定的原理

在我国，道路的景观设计都是由一定质量的物料堆砌而成的，这会带给人们带来一种厚重的感觉，在我们接受的教育与实际感官之下，人类更喜欢平整平坦的道路，这样方便我们行动，显得更加美观和整洁。而在物理学上，平整平坦的道路也确实更适合车辆行驶。我们所说的稳定与平衡原理是根据特定地形的应用与设计，合理科学地布局在城市的景观当中。

（三）对比与调和的原理

两个物体之间会产生相应的对比，比如蛋糕上的奶油与蛋糕之间会存在一定区别。这就是对比和调和的本质内容，在城市化建设当中，应该也引入对比与调和的理念。在我国的场景建设当中，比如广场附近的建筑物相对于广场就显得十分和谐，比如说广场以自然森林为主题，那么大部分广场的内部建设都会以自然森林为题材，在混凝土的建筑物为内部结构，外部以自然题材贴图，营造出切合广场题材的基础设施。但是不同的题材之间应该有明确的差异，这样会显得更加博人眼球，引人注目。根据当前科学发展，我们研究出一套有关人类心理活动变化的产物，并将其命名为心理学。在艺术景观存在不同时互相比较，并且加以运用，取得遥相呼应的视觉体验。道路中的景物都具有各种不同的形象。如圆形花坛放在方形广场上，形象对比较强；放在圆形广场中间，就显得调和。建筑小品的底平面与外围环境场地采用一致的手法时就显得调和；而绿化树木的主面与建筑的立面常采用对比的手法就较活泼。如行人从封闭的行道树空间进入敞开的广场空间就有空间开合对比效果，富有层次感。因为光线的强弱会产生明暗对比，在光线明暗对比强烈的环境里，就会使人感到振奋，而在弱光环境里就会感到幽静、柔和。在道路两旁的景观常用色彩对比，如"万绿丛中一点红，动人春色无须多"就是色相上红与绿的对比，在绿的基调上突出了一点红的春意。

道路景观中的色彩是很丰富的，但还要掌握冷色（蓝、绿）与暖色（红、黄），明与暗，深色与浅色的对比，人们在对比强烈的环境里会有活泼、愉快之感；在道路旁的绿化景观设计中，应富于变化对比。例如，用小体量突出大体量、用丑陋来衬托优美、用笨拙来反衬灵巧、用粗来衬托细、用暗预示明等。道路景观设计经常会运用对比、调和的原理，运用形体、线型、空间、数量、动静、主次、色彩、光影、虚实、质地、意境等创造美丽的景观。例如背景对主景物的衬托对比会强调差异中的对比美。还有强烈对比和微差对比则可协调差异美。在道路的节点处，用对比手法可以突出形象，容易使人识别，并给人以强烈的印象。为了突出别致的景物，广场中喷水池、雕塑、大型花坛、孤赏石等都可以使其位置突出、形象突出或色彩突出。在广场采用塔、雕塑等垂直矗立，与地平或台基面形成方向对比，以显示主体的突出。园林利用色彩的对比可以达到明暗及冷暖的不同效果，色彩主要来自植物的叶色与花色及建筑物的色彩。为了烘托或突出暗色景物，常用明色、暖色的植物做背景，设计师巧妙地将相似与近似搭配起来使用，从相似中求统一，从近似中求变化。

（四）比例与尺度的原理

在我国的美术基本课程当中强调比例对于建筑的影响，例如，在我们研究比例的学科当中，景物的不同会给人类带来不同的视觉感受，经过多重调查与分析，最后得出的结论为1:1具有端正感；1:0.62又称黄金比例，黄金比例的涉及范围不仅是装饰物沙发等物体的比例，也涉及人体比例。当一个人满足其黄金比例，就会显得十分协调，而在城镇道路环境设计当中尺度的换算是指景观整体长度与宽度的比较。所以比例的适中对于与人有关的物品，或是人类生活的环境都有不同影响。

（五）节奏与韵律的原理

在道路设计规划当中，我们往往也会引入音乐术语艺术，平邑站道路环境设计给人一种节奏感和层次变化，景观有连续性，不突兀，赋予其一定内涵，形成独特的风景线。

（六）比拟与联想的原理

比拟是中国传统的修辞格与艺术手法，包括拟人、拟物两种。在我国古代第一部诗歌总集——《诗经》中大量运用了这种艺术表现手法。与此相关的，能够深刻反映中国古代文人士大夫人格修养和道德修养的"比德"手法，对中国文学，尤其咏物诗的发展影响尤为深远。在道路的规划设计时要根据道路功能要求和环境的变化，充分考虑以上原理，这样可以创造出好的艺术形象。

第二节　城市道路景观规划设计的基本原则

我们要求道路应该有足够的交通宽度，可以承担足量的车流，并且道路交通应该有一个符合人类审美的主观要求。道路的引导牌规划合理清晰、一目了然，能够达到衔接、引导的功能。发扬以人为本的理念，重视群众的感官。也可以积极开展调查问卷，采纳群众的建议，创造出幸福的城市。与市政环境工程互相协调，创造地方特色。

一、维护道路自身功能的原则

在最早时期，城市的建设就与道路紧密联系在一起，从最早的远古时代，每一个部落与部落之间都有交流的渠道，当交流足够密切时，就会产生道路，因此城市与道路的关系时常是相依相生的。城市的发展往往决定了城市内道路的情况。我国个别超大城市由于人口密集大，所需要的道路就更为紧张。道路的根本意义功能是保证人类的安全，同时方便物品与信息的交流，在城市的发展情况下，道路往往也是跟着进步的。城镇的道路设计与城市的规划发展，以及当地的自然情况、自然条件都有着重要关系。在城市设计中，道路设计也应该穿插的种植绿化植物，以保证城市道路生机盎然，美化了城市的环境，提升了群众的满意度。道路上的车流奔腾不息，严重影响了生态环境，不仅是噪音影响，也会排放出二氧化碳等有害气体。这就需要植物净化污浊的空气。保护生态环境对我们的生活与身体健康提供了有力保障。

二、以人为本的原则

我国道路的空间建设主要是为了满足人们的日常生活以及活动需求，是人类交流交通的重要渠道，我国城镇的道路环境一定要保障行人安全，道路两旁的植物坚决不可以遮挡行车视线，不应该遮挡交通指示牌，并且保证植物不会延伸到道路两旁，影响车辆行驶。另外，植物的种植也应该有所不同，这样才能保证驾驶员在驾驶环境当中不至于视觉疲劳而发生交通事故。

人类的出行方式、生活方式、生活理念在不知不觉中注定了城市的未来发展形势，城市内的各种技术服务设施都是以人为主体，以人为本，让人们的生活变得更加便利。人们的生活方式和审美喜好注定了我们城市的道路建设。道路景观是动态景观，要求花纹简洁明快、层次分明；作为街景，它更要求色彩丰富，与周围环境协调一致，使人有"人在车中坐，车在画中行"的良好感觉。

三、创造生态景观的原则

城市道路生态景观规划设计依据生态学的原理为基础，去化解一些景观环境上出现的生态问题，是我们环境管理的最基本方法。一个景观环境的测评需要从整体到各个细节多方面进行评估，要从实用性、耐用性再到景观是否符合我们的审美要求。并且随着科技发展、经济发展，我们破坏的环境越来越明显，如我们每天释放二氧化碳含量过高，就会导致全球变暖，如果我们增加了绿化面积，首先植物利用光合作用吸收多余的二氧化碳，这样会使我们的环境稳定，利于我们居住城市内的居民的健康生活。从视觉角度上来分析，植物的种植栽培，不同品种的相互结合，既能达到环境的保护，也符合我们的审美提高。随着人类的发展，我们开始重视环境保护，从前的放弃环境主抓经济发展到现在的"绿水青山就是金山银山"。这样会让生活变得有活力，城市变得更有色彩。

四、适地适树的原则

我国城市道路的环境规划设计与当地环境变化、季节的周期长短、乡土植物以及当地的地理情况、水源情况、整体布局划分息息相关。由于各个地点的季节都会伴随着当地自然景观的影响而变得更加美丽梦幻，如果加上合理的设计，就会让景观更美丽，给居住在城市内的人类带来精神上的满足。我国城镇内的道路景观配有相应的绿化设施，是我们道路系统的重要组成部分。为了考虑城镇道路的生态环境品种多样性，应该选择不同的植物。在相应的季节，配有相应的花卉与植物，以增添城市氛围与色彩，并且道路在环境设计上也要保障植被植物的生长需求，如果植物不适合当地的土壤自然生态的环境，那么植物就无法健康地存活。我们应该在种植选中品种的同时，因地制宜考虑当地的特殊环境，根据环境选择种植品种，在适合种植树木的道路上种植树木，在适合种植灌木的道路上种植灌木，在公园内种植美丽的植物景观。充分发挥美学的理论，带给城镇居民一个完美且适宜人居的美丽城市。城镇道路的环境设计也应该根据地处环境的功能而做好划分。根据当地地区的特殊气候选中有利于植物生长，同时与环境功能相符合的植物，例如在公园种植净化空气的植物，保障城市内部的生态稳定。

五、与市政环境工程互相协调的原则

城市中的道路周边具有较多的建筑物、构筑物和人工环境景观，或是毗邻山、河、湖、海、丘陵、森林等自然环境，规划时应结合不同的人工环境或自然环境特点，才能长期保持道路绿化景观。

第六章 城市道路景观规划设计

城市道路的土壤与环境不同于山区树林，尤其土壤、空气、温度、日照、湿度、空中、地下设施等情况。各个城市地区差别也很大，不同城市也有各自的特点。所以要进行道路性质的调查、现场结构的调查和自然条件的调查和分析，明确道路景观的定位，进行科学的规划设计。

第一节 城市道路景观规划设计前的调查

城市现有的技术经济情况的调查、道路现场和结构的调查、历史文化的调查、自然条件的调查都是道路景观规划设计的重要依据。

一、技术经济情况的调查

技术经济包含的种类有很多，例如，一个城市的绿化面积，以及当地人口除绿化面积所得到的每个人所占有的绿化面积比例。这类数据可以说明当地的绿化环境情况，如果每个人所拥有的绿化面积足够多，可以说明当地的绿化满足了人类的需求。目前，在我国各种绿植物种类品种涉及一个城市内的物种多样性都可以反映当地的生态环境。

二、道路现场和结构的调查

城市路面的人流和车辆繁多，往往会碰破树皮、折断树枝或摇晃树干，甚至撞断树干；城市道路上空的管线常抑制破坏行道树的地上生长，路下的管线也限制树木根系的生长。可见城市道路现场及周边环境和结构比较复杂。城市道路结构示意图图样比例为1：5000～1：20000，通常与城市总体规划图的比例一致。

三、历史文化的调查

目前，由于我国的历史文化从未中断，至今，我国的历史文化十分悠久，这就注定了每一个城市都有相应的历史文化和特殊的风土人情，我们应该利用好这些优势，在城市的建设中应该做到利用本城市的历史特色开发相应的软行业。建设博物馆，收集城市内的历史文化或者是编辑成书供游人观看，不断地挖掘本地特色，让每一个城市都有其独特的景观，这样才能吸引游客到城市内体验不同的人文风采、风土人情。

四、自然条件的调查

城市的建设必然需要依托当地的自然环境。例如，我国的著名城市重庆虽然所处的地区并不平坦，但是根据当地的自然环境，创造出独有特色的美丽，在我们的城市建设中也应该紧密联系自然环境，做好基础调查记录。

第二节　调查资料的分析与道路景观的定位

在我国，城市环境规划都有一定的调查结论，分析资料，厘清当前现状，进行整体布局，理顺城市内的道路景观设计，从而确定风格。

一、城市构图分析评价

比较人口规模、构成、土地利用现状等调查结果，提出人口、产业、城市动向与发展、建成区和城市规模等设想，绘出城市道路景观设想图等。

二、环境保护分析评价

盘点当地建筑的名胜古迹，对具有特色的历史文物做好评估。街道广告在现代城市景观中起到了重要作用。街道广告的作用在于宣传，尺寸较大，常常影响城市的形象，因此对于街道广告要进行严格审批。但如果街道广告和雕塑小品、坐凳、候车亭、路标、信号设施相结合，则既增添了不少乐趣，又节省了空间。街道雕塑小品、功能设施应当摆脱陈旧的观念，强调形式美观、功能多样，设计思想要体现自然、有趣、活泼、轻松。

三、灾害分析评价

预测灾害的状况是尤为重要的。我们发展以人为本，这里面保证人民的安全是最基本的要求，我们会研究当地的地理情况，对环境的灾难概率进行评估，并且做出相应对策，以此来保证我们的安全。

四、景观分析评价

在城市景观调查问卷的调查下，我们在调查问卷中选问了根据环境种类对道路景观的影响。我们得出对于城市内的道路景观设计，群众更喜欢构图简单明了且对比鲜明景观宏大不封闭的环境，同时，群众认为，道路两旁的植被植物更能衬托城市品位。在当地条件符合植物生长需求的同时，希望增加植物品种，并且在绿化带内种植相应的花卉，在绿色的海洋中点缀不同颜色的花朵。这样给人的视觉冲击更大更强烈。道路的景观更加富且有层次感，并且城市内的居民不排斥当地本土植物的种植，但是品种不应过于单一，希望城市环境的设计更加注重美观与其实用性。

五、调查结果的综合分析评价

将自然条件调查（气象、地形、地质、植物），社会条件调查（人口、土地利用、城市设施等），经济、文化的调查结果分析立案，以环境保护、防灾、景观构成的观点明确设计目标定位，归纳提炼出设计主题。这是道路景观规划设计的主线，提出初步的规划设计方案，不断深入，自始至终围绕该定位的主题展开设计，各种设计要素都围绕该目标和定位主题循序渐进，逐步展开，最终就会达到定位明确、主题突出的效果。

六、城市形态和道路景观构图的分析

城市道路的建设与城市的发展是紧密相连的，现代化的城市道路交通已成为一个多层次且复杂的系统。由于城市的布局、地形、气候、地质、水文及交通方式等因素的影响，会生成不同的路网。这个路网是由不同性质与功能的道路组成。对于一个大城市来说，应包括快速道路系统、交通干道系统、自行车系统、公共交通系统、人行步道系统等。由于道路的性质不同、交通的目的不同，其环境中的景观元素要求也不同，道路景观设计必须符合不同道路的特点。对于交通性街道，通过道路两侧的建筑和绿化树木的高度与街道的宽度比产生空间感受。步行街是交通性道路的延续，在设计时要注意合理使用收放的手法，如在步行商业街加宽的地方设置一些园林小品，如小型喷泉雕塑等，这样会增添街道的自然情趣。比较自然条件的调查和社会条件等的现状调查，并分析、评价其结果，利用城市形态、周围环境等城市的立地性，明确城市的性质，合理规划出都市的形态，确定道路景观构图形式，绘出道路景观模式图，再通过专家评审，进一步修正补充形成较完善的方案。

第三节　城市道路景观规划设计内容

随着我国城市道路建设规模的急剧增加，对自然环境景观的破坏也不断加剧。为了更好地保护自然环境景观，首先要构成自然优美的线形，形成完整的景观系统，因地制宜，结合地方历史文化、经济、自然环境特色进行科学合理布局。

一、城市道路景观规划布局

（一）构成优美的线形

城市道路景观是由带状或块状风景要素所形成的立体"线"形景观。直线的路段，方向性和连续性较明显，给路人以整齐、雄伟、壮观的感受，但是景观比较简单、呆板；而弯曲的路段会形成优美的景观，使路人产生自然、和谐、亲切的感觉，加深对道路景观的深刻印象。道路景观规划要注意将直线、曲线和地形起伏相互配合。道路景观是立体的线形景观，需结合地质、水文、高低起伏的地形，将道路的曲线和低缓的纵坡融为一体，形成自然优美的线形。

（二）形成完整的景观系统

城市道路的景观网络要适应城市的发展，要确定主干路网布局形式及使用功能，它是城市的主动脉，承担着市内各分区的联系，并通过主要出入口与外围地区相联系。它是道路景观的主轴线，它与城市区域的次干道相衔接，形成重要的景观的节点，它是组织道路系统布置的关键。城市道路网络的发展在城市中向有利于机动化和快速交通方向发展，以便有利于周边道路衔接，方便区域与外围的交通联系，也提高快速可达性。道路景观规划与城市道路的走向密切相关，首先要选择日照充足、通风好的、自然灾害少的走向发展；向自然景观和具有人文景观的区域沟通，将主要建筑、居住区、公园、广场相连接，既美化了街景，又改善了城市面貌，也方便人们观光旅游，形成一个完整的景观系统。

（三）因地制宜地创造特色

道路景观规划的形式直接关系人们对城市的印象。其形式布局应根据土地利用、交通源、集散点的发布、交通流量和流向，结合地形、地物、河流走向、原有道路系统，因地制宜规划布局。道路景观带适宜平行河道布置，山区城市道路景观带应平行山地的等高线布置，主干路的景观带应布置在谷地或山地的坡面上。特别是历史古城的道路景观应在满足道路交通的情况下，结合地方经济条件、历史文化内涵进行布局并创造特色。

二、城市道路景观规划的模式

常见的城市道路景观布置模式是按照快慢车行道和人行道绿带景观等关系不同进行规划布置的，常见的有一板二带式、二板三带式、三板四带式、四板五带式等。

（一）一板二带式

这是最常见的绿化景观布置形式，一板就是一块板车行道，一板二带式绿化景观即在这车行道两旁各设一条绿带，也就是在人行道分割线上种植行道树。中间是行车道，在其两侧人行道上种植行道树。这种形式的特点是容易形成林荫、简单整齐、用地经济、管理方便、造价低。在路幅较窄、车流量不大的街道旁，特别是中小城镇的街道绿化多采用此种形式。但是行道树与架空线路易产生矛盾。当车行道过宽时，行道树的遮阴效果较差，机动车辆与非机动车辆混合行驶不利于交通管理。

（二）二板三带式

二板是道路上两条机动车车道，中间带有三条绿化带景观，这种道路的环境设计具有更好的视觉效果，并且在车辆行驶安全上能够把车流动分开。把相向的车流分开，同一条道路上车流的方向是一致的，这样能有效减少交通隐患、交通事故的发生，例如，在我国的高速公路上大多为这样的设计——对于马路中间的绿化带，我们一般只种植宽度为4米左右的绿植，并且种植品种也有考虑，不可以遮挡驾驶员的视线，也不能侵占道路。

道路的行驶建设也要考虑到驾驶员的身体情况，如有特殊情况发生，应该在道路相互距离相等的两端设立休息区。这样能有效减少驾驶员疲劳驾驶，造成道路交通的安全隐患，并且对道路的生态环境有着重要贡献。

（三）三板四带式

三板四带式即是具有一条中央快车道和两条上下行的慢车道道路。三块板都是车行道，中间的为快车道，两侧的为慢车道。三板四带式景观就是在快车道与慢车道之间设有两条分车绿带景观，而两边的慢车道与人行道之间又设有两条绿带，因此称为三板四带。此种形式的特点是绿化量大、防护效果较好，有很好的减弱噪声和防尘的作用。由于慢车道与人行道之间设有行道树，以利夏季行人遮阴。此种形式多用在机动车、非机动车、人流量较大的城市干道。虽然占地面积大，但组织交通方便，安全可靠，可以解决各种车辆混合互相干扰的矛盾，是城市道路绿地较理想的形式。其缺点是建设投资较大，如果分车绿带较窄，则树木生长势弱，隔离效果较差。

（四）四板五带式

四板五带式道路大部分是在道路面积宽度过大的情况下才能形成。其具体特点是由两条快车道和两条慢车道组成并且在其中间种植绿化带，把方向相反的车辆分离开来，这样能保证驾驶员的安全，减少超车带来的隐患。同时，在人行道两旁还种植了绿化景观。其优势显而易见。

三、城市道路景观设计手法

城市道路总体布局完成后，道路的位置已基本确定，再进一步结合水文、地质条件，合理利用地形、地物进行平面、纵断面、横断面设计，以保证功能和使用的安全宽度。城市道路景观本身是一个三维景观，平面景观设计和纵断面景观设计是二维线形的设计，最终它是以平纵组合的立体线形景观设计。

（一）城市道路线形景观设计

要使道路景观具有优美的三维空间外观，就一定要对其平面和纵面进行组合设计，利用计算机建立道路三维模型进行透视图检查，使道路本身具有良好的视觉连续性。其方法如下：

1. 平曲线与竖曲线互相对应

所做的平曲线应稍长于竖曲线，使竖曲线的起点和终点分别放在平曲线的两个缓和曲线内，这才是理想的平、纵组合，这种组合线形平顺、流畅，行车舒适感好，连续性强，并且具有良好的视线引导与可预知性。

2. 平曲线与竖曲线的大小保持均衡

如果所做的平曲线和竖曲线其中一方大而平缓，那么另一方就会小而不平缓。如果一个长的平曲线内有两个以上竖曲线，或一个大的竖曲线含有两个以上平曲线，三维景观就不会好看。由此可见，平曲线与竖曲线的大小一定要保持均衡。

3. 缓和曲线连接圆曲线与直线

缓和曲线与竖曲线不宜重合，与圆曲线、直线相连接，在连接处曲率突变时，在视觉上有不平顺的感觉。虽然规范中规定了不设缓和曲线的圆曲线半径，但从道路景观的要求来看，缓和曲线的布设还是很有必要的，设置缓和曲线以后，线形连续圆滑，增加了线形的美观和安全感。

（二）城市道路纵断面景观设计

纵断面景观的设计是研究直坡线与竖曲线这两种线形要素的运用与组合，以及对纵坡的大小和长短、前后纵坡的协调、竖曲线半径大小等有关问题。特殊地段要采用技术措施，以保证地表水的排放和地上、地下的各种设施。

（三）城市道路横断面景观设计

城市道路横断面景观设计是在道路的红线范围内进行的，它包括车行道、人行道、分隔带、绿化带等。道路横断面设计关系交通安全、道路的功能、通行的能力、用地使用的效率、路面排水、城市景观的好坏等。应根据道路横断面几何特征与人的视觉规律进行设计。

1. 注意道路景观空间的整体性

由于城市道路交通组织的需要，在道路的横断面上会有车行道、人行道、分隔带、绿化带等不同的分隔方式。如果分隔带过宽，会使得道路空间涣散。分隔带上的景观高度及大小都会对行者视线产生影响。由此可见道路上的景观元素要整体配合良好。

2. 注意道路横断面景观要素对线形特征的作用

城市道路横断面的各种景观要素都是沿着道路的中心线延伸的，可利用这些因素来加强城市道路的线形特征，这些特征对行者视线引导有强烈影响。

（四）功能与亮点设计

一个城市的道路设计应与道路周围的建筑做好相应的统筹规划工作参考，当地地区的地理环境、建筑、分布建筑类型，以及基础服务设施等多方面布局。强调景观的整体性与周围的基础设施相配套，充分利用道路附近建筑的功能，并且道路的景观设计应该符合建筑美学理论，让当地居民在游客购物时能有愉快舒心的体验。

（五）连续景观设计

我国城镇道路的环境景观设计处于高速发展的趋势下，而道路两旁的行人也是走马观花匆匆而过，在这一环节下，我们设计者应该考虑景观的实用性，整个景观的整体对于欣赏者而言只是大体的形状，我国道路城市设计应做到连续自然且有过渡感，不应该强调过于单一的一部分，而应该是在整体上与环境相匹配。

在我国城市道路景观规划中，一般采用连续多样式的植物景观设计，这样更容易获得相通的环境景色。我国城市道路由于种植品种的不同以及一年四季的景观不同，在环境设计的同时应该考虑周全。道路的植物景观直接关系街景的四季变化，要使春、夏、秋、冬均有相宜的景色。根据不同用路者的视觉特性及观赏要求，处理好景观的间距、树木的品种、树冠的形状以及树木成年后的高度及修剪特色等，均可创造连续景观强又具有季相变化的景观。道路景观的规划设计受到各方面因素的制约，只有处理好这些问题，才能保证道路景观具有长期的观赏效果。

第七章　城市广场设计的客体要素

本章节重点阐述了广场与周边建筑组合关系、城市广场的色彩、植物设计、水体、地面铺装、建筑小品的设计要点，充分的了解城市广场的设计要素。

第一节　广场与周边建筑组合关系

城市广场是以周边建筑为背景围合而形成的，这些周边的建筑不仅构成了广场的要素，也使广场成为视觉焦点，形成了广场的空间界线，同时周边的建筑和景观也体现了一个城市的特点并蕴藏着丰富的城市生活内涵，这与广场和周边的客体要素密不可分，成为空间结构的一个重要组成部分。在设计城市广场时，不仅要考虑广场的主体本身，广场的周边客体要素也应同时予以考虑。

广场空间只有围合界面都处于封闭时，才能给人们一种整体感和安全感。封闭性广场大多是由周边的建筑物围合而成。广场的空间尺度与周边建筑物的高度均影响着广场的围合感。另外，广场的角度处理也是形成围合的关键。

一、广场的空间尺度

（一）广场周边建筑界面高度与广场的空间尺度

人的眼睛以大约60°顶角的圆锥为视野范围，超出此范围，色彩、形状的辨认能力都将下降。当头部不转动的情况下，能看清景物的垂直视角为26°—30°，平视角约为45°，视（熟视）角为1°。

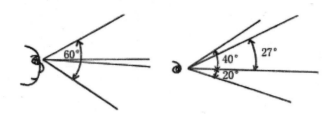

图 7-1　视域范围

为了获得较清晰的景物形象和相对完整的静态构图，应尽量使视角与视距处于最佳位置。通常垂直视角为 26°—0°，当平视角为 45° 时，观景效果较好。若假设景物高度为 H，宽度为 W，人的视线高为 h，则最佳视距与景物高度或宽度的关系可用下式表示：

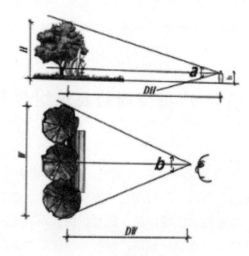

图 7-2　景物与观赏视距

$$DH = (H-c)\ ctg\ (a/2) \approx 3.7\ (H-h)$$
$$DW\ (W/2)\ ct\ (b/2) \approx 1.2W$$

式中：a—垂直视角；b—水平视角；DH—垂直视角下的视距；DW—水平视角下的视距。

最佳视域可用来控制和分析空间的大小与尺度、确定景物的高度和选择观景点的位置。当景物高度为 H，人与景物之间的距离为 D，当 $D:H=1$ 时，可以观察景物的细部；当 $D:H=2$ 时，可以观察景物的整体；当 $D:H=3$ 时，可以观察景物整体与周边环境。

一个城市的开放空间通过围合而成为广场。当广场周边围合的建筑界面高度为 H，人与建筑物的距离为 D，在 D 与 H 的比值不同的情况下，围合的程度也有所不同。

当 $D:H=1$，即垂直视角为 45°，这个比例是全封闭广场的最小空间尺度，可观赏到建筑细部，也是观赏建筑物单体的极限角度。可以产生良好的封闭感，给人一种安定感，并使广场空间具有较强的内聚性和防卫性。小尺度封闭空间广场多见于庭院广场及欧洲中世纪的一些广场。

（二）广场的空间宽度与深度

场地的空间效果体现在场地空间的广度与深邃的视觉关系，我们眼睛的视角范围是有局限性的，根据科学研究，如果眼睛不动，我们只能分辨出15°左右的范围空间，15°～40°之间相对清晰，但是超过了一定范围，我们的感知能力就会下降，在我们日常生活中也有体现，我们只能看到相对集中的位置，而左右两边都变得不那么清晰，用我们常规的话术来表示就是余光，我们只能感觉远处有物体的存在和运动，但是无法分辨出其具体形状和运动轨迹，这就像是照相机的对焦功能。从当前的论述我们可以了解在广场设计中面积的比例尤为重要。

当广场宽度：广场深度＝1：3时，观察者的视角为20°，视野内的对象非常集中，观察范围非常狭窄，空间具有强烈的压迫感，小于这个视角的空间将缺少广场特征，难以作为广场被感知。

当广场宽度：广场深度＝2：3时，视角为40°，观察者拥有非常清楚的视线通向边围，观察对象在这个视野内显得比较适度，空间略显局促，广场效果比较封闭。

当广场宽度：广场深度＝6：5时，视角为60°，视野内的两个边沿区域已开始显得模糊，但观察者还能准确把握边界，边围显得宽松大度，但广场空间整体上还是被边围所限定。

当广场宽度：广场深度＝2：1时，视角为90°，视线已不能再把握整个边界，边围在这种情况下显得异常模糊，广场空间变得非常开放。

城市广场应为人的视觉感知留下余地，它不应被眼睛一览无余。适宜的广场地面的长宽比例应介于3：2与1：2之间，即观察者的视角为40°—90°。显然，正方形的广场始终是一种效果比较理想的选择，因为它从各个方向观察都有较好的视觉感受。

广场的尺度与人的感知有关，这种感知可以从两个层面看待：社会层面和纯视觉方面。一方面，广场的大小受到社会心理学因素以及城市关系的影响；另一方面，广场的大小与人的视觉感知有关。空间品质在于规模的适度，但它在很大程度上还取决于广场地面的比例，即空间宽度与深度的关系。

二、广场的空间形态

广场空间的感受依赖于开口的形式，它们决定着空间形态的最终特征。广场围合界面开口越多，围合的效果就越差；周边建筑物多而高并且界面开口越少，广场空间的封闭性越好，围合的感觉就会越强。当然，随着时代的发展，人们对空间的认同也在不断变化，但宗旨还应以人为本。

（一）四角封闭的广场空间

广场空间四角封闭，只在建筑的中央开口。这样对广场四周建筑的设计有很大限制，在设计上必须将其结合为一个整体，建筑物形式大体相似。此外，如果广场的自然焦点处空无一物，人可以从外部看穿广场，视线没有封闭，空间效果不好。所以，常常在广场中央布置高耸而造型简洁的雕像作为对景，以突出它的轮廓线。

1. 道路从广场中心穿过四周建筑

此种设计虽然四角封闭，但因其道路以广场中央为中心点穿过四周建筑，使得广场空间用地零碎，被均分为四份，造成了广场整体空间被分割的局面，很难达到内聚力的效果。为了避免广场的整体空间被分割，应尽量使广场周边的建筑物形式统一，可在广场中央安置较宏伟的雕塑，借以加强广场空间的整体性。

2. 道路从广场中心穿过两侧建筑

与上述相同，四角封闭，道路仍然穿过广场中央，将广场一分为二，广场整体空间被打破，形成了无主无从的局面。

3. 道路从广场中心穿过一侧建筑

当道路从建筑的一侧进入广场，虽然四角依然呈封闭状，但显示了主次关系，使得广场具有很强的内聚力，是较封闭的一种形式。

（二）四角敞开型广场空间

1. 四角敞开格网型广场空间

四角敞开型广场空间多见于格网型广场。广场的四角敞开，道路从四角引入。它的明显缺陷是使广场地面与周边建筑物分开，从而导致建筑物各自孤立，造成广场空间的分解，削弱了广场空间的封闭性和安静性。

2. 四角敞开道路呈涡轮旋转形式

以涡轮旋转形式穿过广场，这种广场的特点是当人们由道路进入广场时，可以建筑墙体为景。虽然是四角敞开，但仍然给人们一种完整的围合感觉。

3. 两角敞开的半封闭广场空间

当四周围合的界面其中一个被道路占用，就形成了两角敞开的半封闭广场空间。在半封闭空间中，往往与开敞空间相对的建筑起到支配整个广场的作用。此建筑又称为主体建筑。为了加强广场的整体性和精彩感，可在广场中央安置雕塑并以主体建筑为背景。此类广场是较为常见的设计，它的优点是当人们由外面进入广场空间时，既可以欣赏广场内主体建筑宏伟壮丽的景观，又可以观赏广场外的开敞景色，其也属于封闭型广场中的一种。如威尼斯圣马可广场就是这方面很好的例子，圣马可广场具有良好的围合性，广场与周边建筑设计风格和谐一致，使人感受到强大的广场凝聚力及精美建筑的艺术性。

4. 圆形辐射状广场空间

圆形围合界面广场空间一般均有多条道路从广场中心向广场四面八方辐射，有较强的内聚力。

巴黎星形广场会合 12 条大道，建筑围绕广场周边布置，形成圆形围合界面。以凯旋门为中心，将所有建筑紧紧吸引在广场周围。沈阳中山广场是圆形围合界面的广场，共有 7 条道路通过广场中央向周边辐射，达到了广场与周边建筑共存的境地。此广场是集文化娱乐和交通道路引导为一体的复合型广场。

5. 隐蔽性开口与渗透性界面

广场与周边建筑的另一种围合关系是通过拱廊、柱廊的处理来达到既保证围合界面的连续性，又保证空间的通透性。最完美的设计形式出现在古希腊和古罗马时期。实践证明，人们并不总是希望在完全封闭与外界隔离的空间里逗留，在追求安静和安全的情况下，又愿意与广场外界保持联系。此种设计给人们的这种心理需求提供了可能性。

三、广场的空间组织

（一）广场入口的设计

每一个广场出口的设计都应该是新颖的，让人们觉得想让我进去。这说明广场的入口设计给游客的第一感觉十分重要，这就像我们去餐馆点了一份午餐，如果不是没有选择的情况下，菜品的长相过于恶劣，这很容易让我们产生厌烦的感觉，当我们走进商业街，面对着琳琅满目的店铺，门口是我们的第一印象，一家好的店面门口设计通常是较为新颖的，以吸引消费者眼球的设计。

（二）确立主题或标志性空间

传统广场大多有一个主题，中世纪时期主要以教堂或市政建筑为中心安排空间关系，由于广场面积不大，中心部位一般不建标志物，主题一般以符合背景的建筑表现，形成便于开展宗教活动和市民活动的城市公共环境。文艺复兴以后，广场规模逐渐扩大，中心空间逐渐开阔，对广场空间的再次定位提出了要求，特别是古典主义时期的法国广场，几乎每一个广场的中心都安排了纪念雕塑或喷泉之类的主题物，从而使广场空间产生了变化，丰富了空间形态。

按照空间构成原理，一个点状物体在环境中所占用的实际空间并不多，就像在空旷的屋子里放上一把椅子，围绕椅子就划定了一圈无形的空间范围，这是制造虚拟空间的常用手法。在开阔的广场空间中设置主题纪念景观，除显示广场主题外，事实上还产生了空间的细化作用，将空旷的广场进行了再次切割。

这种空间处理的手段在现代城市广场设计中得到深入的发展和广泛的应用，只是主题内容有所改变和外在形式有所不同而已。一棵树、一块景石、一件日常生活中的普通物品，甚至一组座椅、一段绿篱都可以成为创造空间的手段。

威廉姆斯广场（如图7-3所示）就是很好的典范。它位于美国得克萨斯州埃尔文市城郊一个新开发区的中心。

图7-3　威廉姆斯广场

从广场空间来看，这是一个极为平淡的形态，作为重要元素的边界建筑毫无特色，比例尺度也不协调。但是，当主题标志组奔马在广场上形成新的空间关系后，整个广场的面貌发生了戏剧性变化，边界上巨大体量的建筑好像完全消失了，广场由围合性空间变成了中心控制性空间。

（三）组织空间结构

在大部分城市空间设计当中，相邻的空间应统筹规划，做好相互搭配，从全局视角出发，使其成为一个完整的结构空间。部分空间毫无规律，如果将其整合到一起，就会显得十分杂乱，会使人们在视觉感官上有所不适。我们应该在今后的城市规划当中，注重空间的层次感。如罗马广场就会采用对称轴方式，将教堂广场喷泉等建筑物有序地分布在整体空间当中，这样会给人带来一种庄重而又工整的视觉体验，犹如一个个士兵等待我们的检阅。

随着社会的发展，以及科技的进步，广场的功能发生了天翻地覆的改变，从最开始的纪念宗教交易功能转向服务大众的休闲娱乐，这就注定了广场在城市里的分布要均匀，作为社会公共资源，不可以浪费，由单一功能的大型广场转变为功能齐全的综合广场。而小型广场更有利于群众的休闲娱乐，我们也可以从中发现广场的变化，追随了社会理念的发展。当前，社会更重视以人为本，关注群众的需求，以满足群众的需求为服务宗旨。

四、广场与周边道路组合关系

广场周边道路的布局以及道路的特征（方向性、连续性、韵律与节奏等）直接影响城市广场的面貌、功能等因素。

彭一刚先生在《建筑空间组合论》中对城市外部空间的序列组织谈到：城市外部空间程序组织的设计应首先考虑主要人流必经的道路，其次要兼顾其他各种人流活动的可能性。只有这样，才能保证无论沿着哪一条流线活动，都能看到一连串系统的、完整的、连续的画面。他将外部空间序列组织概括如下：（1）沿着一条轴线向纵深方向逐一展开；（2）沿纵向主轴线和横向副轴线做纵、横向展开；（3）沿纵向主轴线和斜向副轴线同时展开；（4）做返回、循环形式的展开。

利用轴线组织空间，给人以方向明确统一的感觉，可以形成一整套完整而富有变化的序列空间。迂回、循环形式的组织空间如同乐曲，给人一种可以自由流动的连续空间感，强调动态视觉美感。

第二节　城市广场的色彩

在我国任何一个城市广场的色彩都不是独立存在的，而是要与广场周边环境的色彩融为一体，相辅相成。广场设计应尊重城市历史，切不可将广场的色彩与周边的建筑色彩相脱离，形成孤岛式的广场。正确运用色彩是表现城市广场整体性的重要手段之一，成功的广场设计应有主体色调和附属色调。欧洲城市广场周边的建筑大部分不是与广场同时期完成，由于历史原因，有些建筑历经百年甚至更多时间完成，才能使人们感受到欢快和愉悦。

第三节　城市广场的植物设计

完整的城市广场设计应包括广场周边的建筑物、道路和绿地。广场绿化设计和其他广场元素一样，在整体设计中起到至关重要的作用，它不仅为人们提供了休闲空间，起到美化广场的作用，更重要的是它可以改善广场的生态环境，提供人类生存所必需的物质环境空间。

园林植物不仅是广场的物质组成要素之一，还对形成广场整体文化特色起到重要作用，有时甚至承担了其中的主体角色，其本身就表达了设计意念和审美追求。作为城市广场景观中最基本的生态要素，植物最大的特点是具有生命性，能突出时间、生命和自然的变化。春季山花烂漫，夏季浓荫葱郁，秋天红叶层叠，冬季枝丫凝雪，它们随季节变化而生长，不停地改变其色彩、质地等。这些特性都使得园林植物在城市广场景观里起到画龙点睛的作用，赋予其以自然的意味。

一、园林植物的分类

园林景观主要由园林内部的植物种类分布而划分。园林植物品种丰富多样，不仅能起到保护城市自然环境的作用，而且能美化环境，满足群众的观赏需求，园林的植物应该做好区分，根据其植物形态，可以分为乔木类、灌木类，竹类、藤本等（如图7-4所示）。

| 乔木 | 灌木 | 竹类 | 藤本 |

图 7-4 园林植物的基本分类

二、植物的美学特征

（一）植物的形态

根据植物的不同轮廓，我们会对植物外部轮廓做好简单的记录与划分，每一种植物的生长环境以及生长喜好往往决定了其未来的涨势与形状，例如一些耐旱类的植物往往叶片较小且细胞体积同样较小，具有这样特征的植物拥有更强的束缚水的能力，具有更好的抗旱性，甚至有些植物在风干的情况下，如果突然获得水分，也会恢复其生命力。

那么根据植物的不同轮廓，给人的视觉感受同样是不一样的。例如，呈圆柱形或者是箭头形状的植物能够给人以引导的功能（如图 7-5 所示）。

| 固锥形 | 椭圆形 | 尖塔形 | 圆球形 |

| 半球形 | 垂枝形 | 伞形 | 圆柱形 |

图 7-5 乔木的外形

（二）植物的质感

由于植物的品种不同，其叶片躯干部分的沟壑也不相同，千年古树往往有着较为粗糙的躯干，显得更加古朴厚重，给人们带来一种强烈的感官效应，仿佛能沉静到植物内部感受其千年的历史文化底蕴。与粗糙相对比，新生出的树干表面较为光滑，并不符合我们的审美需求，这类植物的价格往往更加便宜。我们应该因地制宜合理分配每种植物，以匹配不同的环境来尽可能满足人们的审美需求。

（三）植物的色彩

每一种植物的生长规律都不相同，它们为我们提供了生态变化的奥秘，让我们体验到了不同于机械变化的神秘。有的植物可能需要多年才会结果，有的可能需要几年就能开花，每一种植物的周期都是不一样的。我们可以用这些植物来映衬当时的季节，会让我们有一种时光如梭的感叹，这就显得植物的搭配十分重要，每一种植物由于叶子的颜色是不同的，可能从发芽的翠绿嫩绿逐渐变深。随着当地的温度变化，植物叶子的颜色也会有着不小的改变，还有一些十分奇特的植物，如太阳花，每一朵花都会笑，朝着阳光的方向开放，让我们不得不改感叹连食物都向阳生长，我们生活在城市当中也一定要阳光地生活。

（四）植物的味道

不同植物会有不同气味。最为明显的当属花卉，有些高档的香水就是由草本植物经过烹制提纯蒸馏提炼出来的，其散发出迷人的香味，显得高档高贵，并且香水会给人一种神秘、愉快、喜欢的心理暗示。

三、植物的配置原则

（一）以乡土植物为主，适当引种外来植物

在我国城市建设植物选用品种中，人们往往舍近求远，喜欢一些从未见到过的植物，就像那句话："越常见的植物越不受人喜欢。"但是，他可能不知道，他抛弃了身边的宝物，例如一些当地特有的植物，我们称之为乡土植物。这些植物经过大自然的挑选，是十分适合本地种植的品种，它一定是在本地容易生存且适应性极强的生物，并且在乡土植物的开发中能省去远距离的运输费用、损耗费用，我们经常会选择遥远城市的植物，但是运输途中产生的浪费很大，等到本地栽种培养时又不易存活，十不存一，并且本地的植物品种更容易在当地繁衍生息。那么我们何乐而不为呢？

我们在种植中应以本地植物为基础，可以稍微运用一些外来物种来增加当地植物的多样性，但是我们应该选择品种合适且易存活的物种，保证造景的美观成本较少，但是如果

我们盲目地引进植物，产生资源浪费或者是引发植物生态环境的改变，就真的得不偿失了。

（二）以基础条件为依据，选择合适的园林植物

植物的种植应以当地的自然条件以及非自然因素的影响作为基础，例如，当地的土壤环境、土地的酸碱度以及环境的降雨、温度等自然因素，还应考虑当地的非自然人为因素，例如绿地的功能是否适用于当地人需要。步行街内种植的树木往往应该选择乔木类植物。因其叶片足够大，容易生长存活，能够高效地产生光合作用，不仅具有净化空气、稳定生态环境的作用，还能保护人类防止紫外线伤害，可谓一举多得。

我们还要根据当地的景观设计，要求利用植物本身的特点，发挥其应有的特色，传达给人与环境融合的设计规划理念，对环境起到衬托包装的作用。根据每种植物具有特殊的含义，例如烈士陵园要突出其庄严肃穆的气氛，多运用松、柏等常绿且外形整齐的树种，以喻流芳百世、万古长青；儿童乐园可选用姿态优美、花繁叶茂、无毒无刺的花灌木，采用自然式配置方式，营造生动活泼的气氛。

（三）以落叶乔木为主，合理搭配常绿植物和灌木

目前，由于我国地理位置导致部分区域夏季周期过长、冬季周期短，并且温度较高。因此，我国城市内部公园的建设更注重夏季服务为主，公园内部种植叶片较大、叶片密集、长势良好的高大树木，能够有效遮挡紫外线对人类的伤害。在冬季周期同样要考虑温度不宜过低，植物的选择就更加需要科学合理，我们通常会选用夏季叶片丰富、冬季产生落叶的植物，如乔木，其具有多方面优势，往往是各个城市公园建设城市绿化的首选。

当然，园林景观品种不能过于单一，应该足够丰富，才能体现出园林的质量，如果园林的景观过于单一，就会给人带来一种视觉疲劳的感受，我们应该丰富园林景观的品种。这样才能把园林景观建设得更好，才能让园林景观发挥其应有的功能和效应。

（四）以速生树种为主，慢生、长寿树种相结合

由于经济的发展，以及科技的进步，科学家对于植物等生长特性已经有了进一步的研究成果。科学家发现，一种能够快速生长、枝繁叶茂甚至能够开发的品种对于我国的园林景观设计有着重要的历史意义，它可以减少种植周期，加快景观成型的时间，但是往往生长速度过快的品种本身也有一些缺陷，例如，树木能够存活的时间周期不长。快速的生长往往也等于加速的老化，细胞分裂速度过快，植物的生长机制并未脱离碳基生物的生长模式，因此枯萎的速度也很快。在自然环境下，还有一些生长周期长的植物正好与之相对

立,虽然其不能在短期内形成景观,但是如果在两者之间做好取舍,相互补充之间的不足,就可以合理地运用到我国的园林景观设计当中。例如,在道路中间绿化带内的景观设计当中就可以利用生长周期较长的植物,这样能在节省人力、物力的同时,创造出更便捷高效的优美环境。

(五)合理的群落结构,和谐的种间关系

科学种植技术的引进十分重要,这直接涉及品种的存活数目以及生产资料,但是还应该确定品种之间的相互搭配,怎么做到合理美观才是重中之重,目前我们的设计理论是保护每一种植物都有其足够的生存环境,又能保证其健康的生长。不浪费土地资源,也不浪费树木资源是我们追求的意义。随着植物学的进步,在品种相互影响的关系中多了重要的理论成果。根据我们的研究,如果选松树以及柳树可以在三十年内长得枝繁叶茂,但是这也就产生了植物之间的恶性竞争,在得不到充足的阳光时,它们就失去了优美的生长环境。

自然环境植物之间的关系是十分多变的,也许是相互竞争,也许是互相帮助,还包括依托关系。一个稳定的环境需要和谐共生,相互合作,才能达到环境的平衡。

(六)乔、灌、草结合,突出生物的多样性

在生态学理论中,一个自然环境内的营养结构种类越丰富,该生态系统就越不会出现变化,能抵抗更多的突发因素,而在我们自己规划环境时,也应该保持生物的多样性,丰富种植品种,营造积极互利的生存条件,这种种植方法比单一的种植同一种植物具有更强的环境稳定性,在园林设计团队中都会仿照大自然真实的生存条件,以保证环境的稳定。

四、植物的种植方式

在我国,城市广场的景观设计呈现形式可以分为三个分支,首先是仿照自然环境去经营种植,其次是不同品种共同生存,最后是根据每个植物的特性来规划种植方式。

规则式栽植即成行成列、对称的栽植形式,如树阵、花坛等。

我们可根据不同地方的要求分成不同种类的植物景观,为人类创造舒适的环境,比如可以分为封闭与开阔的活动场所,封闭的场所有利于情侣的交流、好友的畅谈;开阔的场地适合团聚团建的活动,这样的分配会让场所的服务性更强,满足大多数人的需要。

科学的植物配比在美化环境的同时,还可以让繁闹的都市生活变得生机盎然,甚至可以改变当地的环境气候。

第四节 城市广场的水体

从远古时期一直进化到现代被我们认为是不可缺少的物质并被我们人类名为生命之源的物质就是水，如果没有水，任何生物都无法生存，我们人类可能需要食物、阳光甚至是精神食粮，但是如果没有水，这一切都无从谈起。水对人的重要性是任何物质都无可替代的，水不仅在多个层面有着不可替代的作用，还对人们的生理和心理起到重要作用。

同样的原理，我们城市内部的建筑也增添了不少关于水的元素，可以活跃城市的气氛，更是一种以水为伴的和谐理念，我们曾经常在广场的内部设计喷泉，这样可以活跃场所内的气氛，净化空气。关于水的设计，往往最能吸引我们去体验。

水体经常与灯光、雕塑等结合组景。在设计中需要注意防止水的泼溅及季节的影响。水流的溅射是困扰我们几百年的难题，当水流进入回流池中，如何避免水资源的浪费是我们一直研究的问题，在通常情况下，每一个喷泉至少是出水高度的三倍，这样会尽量减少水的喷出，但很容易发生意外事故，聪明的设计者通常会运用水往低处流的物理原理以及配合粗糙的地面增加摩擦面积来缓解这一问题，也应该设置饮水回流的装置，保证环保理念。

一年有四季，那么在冬天的时候，例如北方通常喷泉是停止运用的，但是由于时间过长，其设计就需要顾及热胀冷缩原理，对喷泉材质的选用应该有所考量。

第五节 城市广场的地面铺装

城市广场地面的设计是一项十分复杂的工程。我们需要考虑诸多因素，对自然环境、人们的生活习惯以及其耐用性是否美观做出很多调整。从广义来说，城市广场内的地面最基本的意义就是方便行走，但是随着时代的发展，朴素的地面已经不能满足大众需求了，更多是为其设计独特的风格，但是在众多因素当中，我们第一点要考虑的是功能上的使用是否足够坚固耐磨，在自然环境下能否运用很多年，其次考虑其他方面。

材料的选择有自然材料与人工材料，大部分自然材料相对节省，但是有很多弊端。不同的材质，其特性也不一样，地面铺装具有引导作用，可以为行人提供各式各样的指示。例如大理石纹路也可以拼接成很漂亮的图案。

地面铺装不仅具有引导视线、提供游览方向、暗示游览的速度和节奏、提供休息场所与空间的功能，还可以创造视觉趣味。

广场景观设计中可供使用的铺装材料很多，根据铺装在表层的材料分类，主要有柏油铺装、混凝土铺装、块材铺装。如将块材铺装细分，有石、砖、防腐木等。石材分为板石、小铺石，砖分为普通砖和陶板砖。石材可分为天然石材和人造石材。天然石材以花岗岩、大理石、板石等为主。天然石材表面有细孔，在耐污方面比较弱，一般会对其表面进行处理，如打磨、抛光、机刨、火烧等。砖作为一种户外铺装材料具有许多优点，通过正确的配料、精心的烧制，砖会接近混凝土般的坚固、耐久、价格便宜、养护方便，它的颜色比天然石材还多，拼接形式也多种多样，可以变换出许多图案，效果也自然与众不同。例如荷兰砖（舒布洛克砖），质地坚硬，坚固耐用，可承受车载，吸水透气，而且美观，不仅有多种颜色，表面的肌理可细腻亦可粗糙。防腐木以其柔和的质感在景观设计中备受青睐。

第六节　城市广场小品

城市广场中的小品是设计中的点缀，看似可有可无，但正是这一件件小品为城市广场增添了更多的生气和活跃气氛。它能起到给人一种活跃，提高产品丰富程度的作用，并且它还是城市广场众多设计商品中的一部分，城市广场小品设计得出不出色就如画龙点睛之笔一样，需要高超的技术。城市小品的功能还可以满足我们的审美需求，例如，当人们走累了，可以坐在别具一格的精美长椅上聊聊天；当夏日酷暑，可以坐在凉亭中悠悠乘凉，享受夏天的风光；当我们想方便时可以在众多建筑物中一眼看出来哪一个是公共厕所，我们设计的绿标也应该十分地简单明了，我们可以利用广场小品的特点，即占地面积不大，可以任意分布的特点，创造出更有活力的作品，让广场变得更加有吸引力。

广场小品设计应能体现"以人为本"的设计原则，具有实用功能的小品如座椅、健身器材、厕所等的尺寸、数量以及布局，应能符合人体工程学和环境行为学的原理。一般来说，人们喜欢歇息在有一定安全感、具有良好视野并且亲切宜人的空间环境里，不喜欢坐在众目睽睽之下、毫无保护的空间环境里。

小品色彩处理得好可以使广场空间获得良好的视觉效果。中国有一句俗语："远看颜色，近看花"，色彩很容易造成人们的视觉冲击，巧妙地运用色彩可以起到点缀和烘托广场空间气氛的作用，为广场空间注入无限活力。如果处理不好，则易产生色彩杂乱的效果，从而产生视觉污染。小品的色彩应与广场的整体空间环境相协调，色彩不能过于单调，否则将造成呆板的效果，使人们产生视觉疲劳。小品色彩应与广场的周边环境和广场的主体色相协调。

小品造型要统一在广场总体风格中，要分清主从关系。哲学家赫拉克利特指出："自然趋向差异对立，协调是从差异对立而不是从类似的东西产生的。"小品的造型要有变化且统一而不单调，丰富而不凌乱。只有这样，才能使广场具有文化内涵且风格鲜明，有强烈的艺术感染力。

城市广场的雕塑小品应能反映一个城市的文化底蕴，代表一个城市的形象，彰显一个城市的个性，能给人们留下深刻印象，如哈尔滨市防洪纪念塔（如图7-6所示）。广场雕塑小品作为公共艺术品，影响着人们的精神世界和行为方式，体现着人们的情趣、意愿和理想，以及把握着积极进取的主格调。

图7-6　哈尔滨市防洪纪念塔

雕塑小品是三维空间造型艺术，为人们在空间环境中从多方位观赏提供了可能性，它涉及的环境因素有很多。雕塑小品的设计应注重与广场自然环境因素相协调，应考虑主从关系，使代表广场灵魂的雕塑小品在杂乱的背景中显现出来。雕塑小品与人是距离关系，人是广场的主体，雕塑小品与人的距离远近是小品是否能够完整地呈现出来的关键。人在广场中一般呈动态时候较多，这就要考虑雕塑小品大的形与势，不能仅仅注重局部的刻画，所谓"远观其势"，就是要看远距离的效果。雕塑小品与周边环境的尺度关系，首先要考虑雕塑小品本身各部分的透视角度；其次，要注意雕塑小品与广场环境的尺度。如果广场面积过大，雕塑形体过小，会给人们一种荒芜的感觉。如相反，则会给人们一种局促的感觉。由此可见，要正确处理雕塑小品的尺度问题。另外，雕塑小品是三维空间的造型艺术，人们可以从多角度去欣赏，雕塑小品各个角度的塑造要尽可能完美，为人们提供一个良好的造型形象。

第八章　城市广场、步行街景观设计

　　"城市广场"这一词汇最早发源于古代人民纪念祖先的活动，在词典中，古代的广场含义十分简单明了。最开始，广场就是为了思念祖先进行宗教活动的空旷场地，随着社会的进步，我们的精神需求更加丰富，我们从最开始的群居慢慢地形成了现代的情况。目前我们的发展已经有了质的飞跃，进入了科技化领域，商业街广场等基础设施也与原来大为不同，现在我们更遵守以人为本，保护环境，在结合美育发展的理念，把城市广场等建筑物看作一个整体，在其中点缀各式各样的小型建筑物或工艺品来满足我们视觉上的需求。

第一节　城市广场

　　《城市规划原理》一书中指出："广场是由于城市功能上的要求而设置的，是供人们活动的空间。城市广场通常是城市居民社会活动的中心，广场上可组织集会、供交通集散、组织居民游览休息、组织商业贸易的交流等。"

　　日本芦原义信在《街道的美学》中则认为：广场是强调城市中由各类建筑围成的城市空间。一个名副其实的广场，在空间构成上应具备四个条件：①广场的边界线清晰，能成为"图形"，此边界线最好是建筑物的外墙，而不是单纯遮挡视线的围墙；②具有良好的封闭空间的"阴角"，容易构成图形；③铺装直到广场边界，空间领域明确，容易构成图形；④周围的建筑具有某种统一和协调，宽和高有良好的比例。

　　美国克莱尔·库珀·马库斯与卡罗琳·弗朗西斯编著的《人性场所——城市开放空间设计导则》一书中指出："广场是一个主要为硬质铺装的汽车不得进入的户外公共空间。其主要功能是漫步、闲坐、用餐或观察周围世界。与人行道不同的是，它是一处具有自我领域的空间，而不是一个用于路过的空间。当然可能会有树木、花草和地被植物的存在，但占主导地位的是硬质地面；如果草地和绿化区域超过硬质地面的数量，将这样的空间称为公园，而不是广场。"

以上定义均侧重广场某一方面的特性，而没有一个多面的综合定义。作为伴随着城市的发展而发展的城市广场，现在被赋予了更为深刻、更为丰富的内涵。

一、从广场功能上定义

广场是由于城市功能上的要求而设置的，是供人们活动的空间。城市广场通常是城市居民社会活动的中心，广场上可以组织集会、交通疏散，组织居民游览休息，组织商业贸易的交流等。

二、从场所内容上定义

广场是指城市中由建筑、道路或绿化地带围绕而成的开敞空间，是城市公众社区生活的中心。

三、现代社会背景下的定义

广场是以城市历史文化为背景，以城市道路为纽带，由建筑、道路、植物、水体、地形等围合而成的城市开敞空间，是经过艺术加工的多景观、多效益的城市社会生活场所。

第二节　城市广场的类型与特点

一、城市广场的类型

根据城市广场的功能、位置及周边景观特点，大致可以将其分为以下几种类型：

（一）市政广场

位于市中心行政中心位置，布置在城市主轴线上。随着社会的发展，市政广场的性质也在发生着变化，市政广场在走向市民，可以称其为市民广场。如北京天安门广场、莫斯科红场等。市民广场多设在市中心区，广场四周布置政府及其他行政管理办公建筑，也可布置图书馆、文化宫、博物馆、展览馆等公共建筑，平时市民广场供市民休息、游览。

（二）纪念广场

为纪念有历史意义的事件和人物而设置的广场。特别重视广场的比例尺度、空间构图及观赏视线、视角的要求，并可布置雕塑、喷泉、纪念碑等环境设施。广场中心或侧面以纪念雕塑、纪念碑、纪念物、纪念馆或纪念性建筑物作为标志物。主体标志物一般位于构图中心，如南京雨花台烈士陵园广场。

（三）交通广场

用于组织城市交通流和人流。交通广场分为两类：一类是道路交叉的扩大，疏导多条道路交汇所产生的不同流向的车流与人流交通；另一类是交通集散广场，主要解决人流、车流的交通集散。如影剧院、体育场、展览馆前的广场以及交通枢纽站站前广场等。广场景观比较简洁，一般以绿化为主。可种植花草、绿篱、低矮灌木，也可设置喷泉、雕塑等，最重要的是合理、安全、高效地组织交通，如大连港湾广场等。

（四）休闲广场

休闲广场是人们最容易接触的环境，也是群众最喜欢去的地方，与我们的生活十分亲密，其一般建立在居民区附近人流量较大的地方，但是休闲广场的面积通常较小，主要功能是娱乐锻炼，即锻炼身体、相互交流的地方，我们一般会种植更多的绿植，使整个广场的设计更加简洁。

（五）文化广场

在城市区域开辟为市民提供休闲娱乐的公共空间与文化活动的场所。文化广场也属于市民广场，是市民广场中体现更多文化特征的广场。有着更多文化内涵的市民广场被称为文化广场。文化广场要有明确的主题。

（六）商业广场

位于商业中心或商业街，没有固定模式。城市商店、餐饮、旅游及文化娱乐设施集中的商业街区常常是人流最集中的地方，为了疏散人流和满足建筑上的需求而设置商业广场和市场广场。多采取人车分流手段，以步行商业广场和步行商业街的形式为主，以及各种集市露天广场形式。应根据所在的具体位置，确定不同的空间环境组合，在广场中设置绿化、雕塑、喷泉、座椅等城市小品和娱乐设施，创造充满生机的城市商业空间。

另外，城市广场还可以按照广场形态分为规则型、不规则型及混合型等；按照立面形态分为平面型、空中立体型、地面下沉型；按照广场构成要素可分为建筑广场、雕塑广场、水景广场、绿化广场等；按照广场的等级可分为市级中心广场、区级中心广场和地方性广场等。不同的类型划分有助于从不同角度理解广场的内涵。

二、城市广场的特点

根据种类和功能，我们一般将城市广场划分为以下几种类型：

（一）性质上的公共性

"广场"与"街道"是公认的西方城市最主要的两种公共空间。近十年中，国内设计和建造了大量形形色色的广场，它们成为地方政府城市建设的重要标志。

从西方广场的历史发展来看，公共场所的本质目的是保护社区，同时仲裁社会冲突。广场是人们行使市民权、体验归属感的地点。广场有其特定功能，如集会、阅兵、宗教仪典等，但无论是参与者，还是旁观者，都会认为该活动具有集体性。在某一层面上，广场空间的公共性对权力机构具有反向的、制约的作用。

广场的这些特质促使权力机构在一开始就希望能控制它，在实质上的形式，广场上设置了各种政府的象征元素，它是执法的舞台和向群众展示正义的场所。一直到现在，公共地点一直是记录政治与社会变迁的一块画布。

（二）功能上的综合性

每一个广场都拥有独特的景观。广场是城市空间的一部分，广场可以满足城市的功能需求，具有美观性、便捷性等功能。

（三）空间场所上的多样性

城市广场的空间设计通常由城市空间所决定，一个城市的空间越大，主广场的面积通常越大。首先我们要知道城市广场建筑在哪里、建筑在什么样的土壤之上。城市广场的边界通常用绿色植物围绕，以显得更加封闭，犹如一个整体，它可以是各种植被或者树木。首先，城市广场空间由底面、边界和广场中的构筑物三部分组成。底面可以看作地表；边界是指突出于底面并围合底面的实体，它可以是建筑，也可以是树木、路灯或其他实体元素；而广场中的装饰物或其他功能性小品则可以看作广场中的构筑物。其次，广场空间构成的物质要素和精神要素是衡量广场空间的重要指标。物质要素主要包括广场的尺度、形态、围合、肌理、高差等，精神要素包括广场的使用和文脉，这些都对广场的空间品质有着很大影响。物质要素决定广场空间的形态、空间的划分、高差变化、空间的构成方式及特点、与城市公共空间的关系等。虽然精神要素是一种隐性要素，不能真实地被感知，但是它们以特有的方式影响着广场空间，是广场中不可忽略的要素。综上所述，由于广场功能上的多样性，也随之带来了空间场所上的多样性。

（四）文化休闲性

文化休闲广场就是城市的客厅，集中展示品味、特色、灵性、活力；对于市民来说，广场也是交流、休闲的场所。利用休闲广场在城市各部分之间建立有机的秩序，使各构成要素均衡和谐地发展，并相互关联，成为连续的整体，有利于形成一个完整丰满的城市形象。

第三节　城市广场景观设计中存在的问题

近二十年来，我国城市广场建设的实际项目和实践有很多，如南京汉中门广场、北海市北部湾广场、大连星海广场、四川都江堰广场、上海人民广场、北京西单广场、合肥明珠广场等都是这一时期较为成功的作品。可是深受大众欢迎的广场并不多，成为经典的更是罕见，更多的广场属于粗制滥造型广场。广场景观设计中存在着大量需要解决的现实问题。具体表现在以下几方面：

（1）有些城市广场与城市总体规划的关系以及与现有城市的空间结构、开放空间和街区形态整体契合性差。广场及其与周边建筑功能的复合性和整合度不好。现今广场总体较历史上的广场规模要大一些，功能也要复杂得多，规划设计应当充分考虑现代城市发展，融入城市设计，从城市设计的整体角度给广场以合理、合适的定位。

（2）广场规划建设攀比成风，贪大求全，使景观流于空旷、粗糙、冷漠，缺乏生活气息景观。规模过大会使人感到宏伟有余而亲切不足，浪费用地和资金。"大"并非广场应有的特色，大的广场往往要求更多的景观元素和更高的统一协调性。广场空间应多样划分或建成一个广场系列，扩大广场的服务半径，提高广场利用率，使广场更具亲和力。

（3）在经济上，景观设计盲目追求"档次"。实现"档次"的前提是环境景观功能的合理，而现在的"档次"已被片面理解为宏大的气派或用材的豪华考究。南方某城市号称新建广场仅次北京的天安门广场，而建成之后，空间足够开阔，但是广场上的市民寥寥无几。

（4）我国城市广场规划设计往往舍本逐末，忘记以人为本的需求，跟风设计采用大面积的绿化种植，虽然迎合了群众的需求，但是消耗了大量的人力、物力，浪费了宝贵的资源。

（5）广场景观缺乏文化内涵。地域文化是城市中一道亮丽的风景线，是城市的灵魂。在城市广场的塑造中，常常通过对城市的地域文化的探寻和挖掘，将人文景观和自然景观相结合，使广场成为传播城市地域文化的一个高效的媒介，同时增强了市民对自己城市的认同感和自豪感。

（6）盲目模仿外地或以陈旧的理念作为指导，创新不够。导致广场景观雷同，缺乏特色性和地方风格。20世纪90年代的许多城市广场景观千篇一律或大同小异。低头俯视是铺装加草坪，平视见喷泉，仰视看雕塑，台阶加旗杆，中轴对称式，终点是政府。单调乏味，缺少生机，既没有文化内涵，也无特色。

（7）广场景观设计忽略公民性。现代广场景观设计的重要任务是找回广场的原本含义，使广场回归公民性。广场上的喷泉和雕塑作为纪念碑和观赏的对象，广场服务设施不够完善，不能满足游人多方面的需求。成功的广场应使个体的地位和作用得以显现，使每一个人在社会中的政治、信仰、归属感和认同感得以彰显和强化。

（8）广场景观设计与施工的配合不够。规划设计人员应当和施工人员保持紧密联系，经常亲临现场。如植物配置要达到理想的效果，从选苗到现场施工等一系列过程，设计师需要置身现场。可是，不少设计师并不乐于下工地，而越是施工、水平差的队伍越不愿意与设计人员沟通，结果往往留下许多遗憾。

综上所述，只有在设计中充分考虑人的需求，建设拥有适宜尺度、多样空间、充足的服务设施并且富有特色的广场，才能更好地满足市民需求，并适应现代城市物质文明与精神文明建设的发展。

第四节　城市广场景观设计

一、城市广场设计基本原则

（一）系统性原则

配合周围环境特征和城市总体规划的要求，城市广场的结构一般为敞开式的，组成广场环境的重要因素就是其周围的建筑，结合广场规划性质，保护历史性建筑，运用适当的处理手法，将周围建筑环境融入广场环境之中是十分重要的。

与建筑环境完美结合的范例是建立在卢浮宫广场中心的玻璃金字塔。在这个工程中，建筑师在解决传统建筑的协调与统一问题上没有采取仿造传统，而是在广场上设计了显眼且并不突兀的玻璃质地的金字塔，这样既解决了功能上的采光问题，又在形式上似一颗巨大的钻石镶嵌在广场上。不但没有破坏卢浮宫原有的建筑艺术形式，而且增添了卢浮宫广场的整体性和魅力。

（二）完整性原则

广场作为开放空间，在城市中不是孤立存在的，它应该和城市的其他空间形成完整的体系来共同达到城市的空间目标和生态环境目标，即居民户外活动均好性和历史景观的保护性等。这些都是从城市整体上进行广场规划与布局的原则。换句话说，就是从城市的整体出发，以城市的空间目标和生态目标为依据，研究商业区、居住区、娱乐区、行政区、风景区的分布和联系，考虑广场建设在什么位置、建设成什么性质和多大规模，采取适宜的设计方法，从总体上真正发挥城市广场改善居民生活环境、塑造城市形象、优化城市空间的作用。

（三）生态性原则

人类在建设城市活动中的生态思想经历了生态自发—生态失落—生态觉醒—生态自觉四个阶段。生态性原则就是要走可持续发展的道路，就是要遵循生态规律，包括生态进化规律、生态平衡规律、生态优化规律、生态经济规律，体现"实事求是，因地制宜，合理布局，扬长避短"。近年来，科学家们都在探索人类向自然生态环境复归的问题，上海、大连、青岛、南京、合肥等城市在市中心地区开辟大量的广场绿化空间就是对生态城市建设的积极回应。

我国城市广场的建设应当避免单调机械的绿化手法、单一的植物配置模式，一个充满自然情趣的生态型城市广场应以自然风格来体现植物的个体美和群体美。"没有量就没有美"，只有大片栽植、多层次、多树种搭配才能体现植物景观的群体效果。

绿量是城市广场植物造景的一个重点问题，一个城市的绿量是决定该城市环境质量的基础。许多城市广场设计了大面积草坪，配置了低矮的地被植物图案造型，虽然有较高的绿地率，但绿量往往不足，不能很好地发挥绿地的生态作用。城市广场应有较高的绿地率，满足使用功能的综合要求，并且应尽量提高绿地绿量。植物造景宜采用景观生态型配植形式，北方地区应以常绿树为基调树种，以乔木为骨干树种，以片植、丛植为主，并注意地被植物及草坪的覆盖。

（四）以人为本原则

我国的城市化广场符合我国的建设理念，即以人为本，为人类提供休息、放松的场所。其根本目的还是满足当前社会人类的根本需求，我们从最开始的温饱问题转向了精神需求。城市广场是人们进行交往、观赏、娱乐、休憩等活动的重要场所，其设计的目的与意义是让人们更方便、舒适地进行多样性活动。人性化设计就是在城市空间设计中处处以人为本。城市广场的设计不仅要追求外在的视觉效果，更重要的是充分考虑人的需求，做到既美观，又实用，最大限度体现城市广场以人为本的功能。人是城市各种活动的主体，城市设计的最终目的是要满足人的需要，创造一个令人身心愉悦的环境。

（五）步行化原则

考虑到广场的使用功能，人们多以参观浏览、交流以及放松心情等主要目的结合实际应用的情况，经常会简化车流数量或者是禁止车辆通行，这样设立的好处是方便人们在广场中体验基础设施的同时不受车辆影响，保障了游客与行人的交通安全。

城市交通与广场在交通组织上首先要保证由城市各区域去广场的方便性。①在广场周围的适当区域建立步行街，在步行街结束点位，充分考虑人流车流集散，并且可以通过设置地下有轨电车、地铁等站点，扩大步行规模；②城市交通做到去广场及其周围环境有最大的可达性，设置完善的交通设施，包括地下有轨电车、地铁、高架轻轨、车行道、步行道、立交等，并在线路选择、站点安排以及换乘车系统上予以充分考虑；③考虑大量的停车需求，除设计停车场以外，也要开辟汽车停靠站等。

（六）文化性原则

城市的文化性把目标集中在城市已经建设完成的建筑上，就算是建筑不够美观，甚至有些损坏，但是我们依然不能放弃它们，我们要尽自己所能在已有的监督基础上化腐朽为神奇，让这些建筑焕然一新，与城市建设融为一体，这样的建筑会让城市变得更加有文化底蕴，丰富了整个城市的历史，保护了城市内居民的完整记忆。

（七）特色性原则

我国城市众多，应该强调每一个城市的广场都应该有其本身城市的特色。根据当地的自然环境做出较有特色的主题，也可以根据当地的风土人情，发挥城市的口碑效应，完整地将城市广场作为城市发展的缩影。

我们可以从城市广场规划当地的风土人情发展。如当地的人文特色、美食历史故事，等等。景德镇就是一个很好的例子，在有着特殊的文化背景下，一个小小的县城依靠着独特的陶瓷文化享誉世界各地。一想到陶瓷，就会想到景德镇；一想到景德镇，就会想到其独特技术纯熟的陶瓷工艺，因此广场的设计也应该突出当地的特殊文化或者艺术氛围，这样更有利于吸引旅客，为城市增添活力。

我们还可以在城市广场的设计规划中，从其独有的自然条件、生态条件和四季变化的周期长短着手。例如雪乡，其依靠当地独有的自然环境降雪的优势，吸引了大批群众游客去体验并带动了当地的经济发展，这就是因为采用了城市建设的环境因素。

二、城市广场空间设计

广场空间的安排要与广场性质、规模及广场上的建筑和设施相适应，应有主有从、有大有小、有开有合、有节奏地组合，以衬托不同景观的需要，要满足人们活动的需要及观赏的要求，同时考虑动、静空间组织，把单一空间变为多样空间；充分利用近景、中景、远景等不同层次的景观，使静观视线变为动观视线，把一览无余的广场景色转变为层层引导、开合多变的广场景色。

（一）广场的围合

广场的围闭设计规划不同，给人的感受效果也不一样。例如，不同的广场，其面积和整体形态相似，但是其中一个广场的边界被建筑或者植物包围，而另一个城市广场设计四周开阔，给人的感觉是大不相同的。第一个城市建设广场，由于边界的闭合而形成了一个广场的整体空间，给人一种隐蔽的相处环境，把广场独立于周围的建筑，而另一个广场根据其面积的不同以及四角边界的开阔，导致空间边界不清晰，虽然前者在视觉上空间感较强，但是不能给予人安静的体验。

四面或三面围合的广场是最多见的广场布局形式。此类广场一般由建筑围合而成，当进入广场的每条道路能够封闭视线时，或广场的角部封闭、中间开口也能形成较为完整的空间围合感，容易成为"图形"，使人产生安全感，有更好的使用效果。中世纪的城市广场大都具有"图形"的特征，空间都比较封闭，广场周围建筑的风格、色彩统一，有主有次，有高有低，形成丰富的天际线变化，具有较好的空间容积感。

对于两面围合的广场可以配合现代城市的建筑设置，同时借助周边环境以及远处的景观要素，有效扩大广场在城市空间中的延伸感和枢纽作用。

（二）广场空间构形体现地域文化特色

地域特色城市广场空间的构形反映了特定城市空间的几何学关系和空间秩序的组织方式。通过对广场的构形地域特点的研究，我们发现，城市广场空间形态与作为界定它的周边环境之间存在一定联系，而不同环境下，城市广场空间构形体现了不同的特征和区别。

1．比例与尺度

广场空间与城市空间一样，可能是封闭的独立性空间，也可能是与其他空间相联系的空间群，一般情况下，当人们体验城市广场时，往往是街道到广场这样的流线，人们只有从一个空间到另一个空间时，才能欣赏它、感受它。良好的广场不仅要求周边具有合适的高度和连续性，而且所围合的地面需具有合适的水平尺度。

2．围合与沟通

围合是界定空间的基本形式。城市广场在大多数的情况下是由实体围合而界定成的。周边界定广场的比例、尺度、造型等能够对城市广场空间的大小、用途和形式产生很大影响。通常城市广场周围被精美的柱廊所环绕，四角封闭的广场形成阴角空间，有助于形成安静的气氛和创造"积极空间"。

3．整合与分离

空间整合为城市空间的重组创造了条件，是城市空间形态的基本途径之一，整合的目的在于构成整体，并实现时间在空间上的延续。分离是指构成整体的片段具有相对的独立性，甚至有自身的结构组织特点，是个体特性的体现，是空间在时间上的拓展，同时整合的差异性直接造成广场地域风格的多样化。

三、城市广场绿地规划设计原则

城市广场绿地规划设计应该遵循以下原则：

（1）广场绿地布局应与城市广场的总体布局统一，成为广场的有机组成部分。广场绿地的功能与广场内各功能区相一致，从而更好地发挥其主要功能，符合其主要性质要求。

（2）广场绿地规划应结合城市广场环境和广场的竖向特点，具有清晰的空间层次，独立形成或配合广场周边建筑、地形等形成良好、多元、优美的广场空间体系，协调好风向、交通、人流等诸多元素。

（3）应考虑到与该城市绿化总体风格协调一致，结合地理区位特征，物种选择应符合植物区系规律，尽量利用乡土树种形成地方特色。对城市广场场址上的原有大树应加强保护，保留原有大树有利于广场景观的形成，有利于体现对自然、历史的尊重，有利于对广场场所感的认同。

四、城市广场绿地种植设计形式

城市广场绿地种植多以规则式为主，但也不能过于单调，缺少变化。主要有以下四种基本形式：

（一）排列式种植

排列式种植属于整形式种植方式，用于长条地带，常作为隔离、遮挡或做背景之用。

（二）集团式种植

集团式种植也是一种整形式种植方式，为避免成排种植的单调感，常用几种树组成一个树丛，有规律地排列在一定地段上。

（三）自然式种植

自然式种植的花木不受统一的株行距限制，而是模仿自然界花木生长的无序性布置。这种种植方式可以巧妙解决植株与地下管线的矛盾，还可以因地制宜地进行植物培植，手法机动灵活。

（四）花坛式种植

我国当前城市广场中的花坛多会拼凑成各种图案，这是最常见的种植模式，既美观，又能达到城市绿化的作用，但是花坛的总面积不宜过大，如果超出合理的种植面积，反而会影响广场的其他基础设施。

第五节　步行商业街景观设计

一、步行商业街的起源

在欧洲很早就有了建立城市步行街的意识。最早开发步行商业街的城市是德国埃森，1927年，德国埃森市针对中世纪形成的商业街空间狭小、交通混乱状况，在林贝克大街（Limbecker Street）采取了封闭汽车交通的措施，禁止机动车通行。1930年，建成林荫大街后发展商业获得成功，成为现代步行街的雏形。第二次世界大战结束以后，埃森重建旧城时，恢复并扩大了步行商业街的范围，特别重视对有历史价值的建筑物的恢复和使用以及步行商业街空间环境的创造。

二、步行商业街的发展

（一）国外步行商业街的发展

继德国埃森市林贝克大街建成步行商业街之后，20 世纪五六十年代，欧美的一些国家也相继设计和建设了一批有创造性和特色的步行商业街区。20 世纪 50 年代，从弗雷斯诺市出现了步行商业街后，步行街的形式就在美国许多城市流行开来。60 年代以后，随着私豪车的飞速增长，欧美各国城市面临严重的城市问题，如交通混乱、空气质量下降、环境污染、特色丧失等。为了摆脱这种困境，城市规划师及社会学家们从欧洲早期的步行街发展得到启示，步行商业街成为复兴城市中心区的良策。各国掀起建设步行商业街的高潮，并取得了良好的综合效益。步行商业街极大地改善了社会、经济、环境效益。

（二）国内步行商业街的发展

我国商业街的起源可以回溯到最开始的庙会阶段，那时候，人们群聚一起欢庆活动，但是商业街的雏形还是建立在 19 世纪首都的市场当中。当地的一些城市居中地区也有出现相似情况的。在社会发展的浪潮中，我国的经济发展已经是翻天覆地，人们已经不再为了基础物质而四处奔波，而是为了精神世界。努力奋斗经济是一切的基础，随着经济的回暖、变好，我国也迎来了商业街的建设热潮，商业街既可以拉动经济，又是方便人们购物的好地方，如哈尔滨的中央大街，其独特的设计融入了国外的理念风格，深受人们的喜爱。

苏州观前街的整治更新规划，一期工程从 1999 年 3 月动工，10 月建成。由苏州市规划设计研究院、苏州市建筑设计研究院和苏州市园林设计院三家单位联合设计，对其功能定位为"具有浓郁地方特色的融商业、文化、宗教于一体的市区购物、餐饮、休闲和旅游中心"。南京夫子庙文化商业中心，20 世纪 80 年代初，南京市人民政府开始恢复夫子庙地区的传统风貌，1986 年，夫子庙文化商业中心区规划用地为 12hm，1999 年，夫子庙地区规划调整，核心区用地为 16hm，影响范围 124hm^2。

（三）上海、南京、苏州步行商业街的发展

上海、南京、苏州步行商业街的发展在我国处于领先地位，其主要步行商业街有不少（见表 8-1）。

表8-1 上海、南京、苏州主要步行商业街一览表

城市	步行商业街名称	建设年代	设计单位或建造单位	设计定位
上海	南京东路步行商业街	1998	上海市城市规划设计研究院	集餐饮、购物、休闲、旅游为一体的上海标志性地段，保持"中华商业第一街"的美誉
	城隍庙商业街	1993	上海市市政府	成为上海唯一集园林、寺庙、商城为一体，融购物、旅游、餐饮、娱乐为一体的旅游购物中心，是上海著名的步行商业街之一
	新天地步行街	1998	上海日清建筑设计公司	以上海独特的石库门建筑旧区为基础，改造成具有国际水平的餐饮、商业、娱乐、文化的休闲步行街
	吴江路步行街	2001	上海现代建筑设计（集团）有限公司	集地铁交通、购物休闲、旅游观光和广场文化为一体，备受上海人瞩目的一条特色休闲街
南京	新街口步行街	2003	东南大学建筑系、南京市归化设计研究院	将建成规模领先、功能完备、舒适便捷、环境宜人、开放扩张、内涵丰富的现代性、民众性、文化型、国际型、示范型的中华经典商圈
	夫子庙步行街（区）	1986	南京市规划局、南京市规划设计研究院	既体现古都的环境特色和传统文化特征，形成自身相对完整的传统公共活动中心，又使之成为现代城市的一个有机组成部分，逐步形成具有多功能和浓郁传统气息的文化、娱乐、商业及游览中心
	湖南路狮子桥美食一条街	2000	南京市鼓楼区政府	改造成著名美食步行街
	"1912"步行街	2003		依据独特的资源与区位优越性，力求成为浓缩了南京城市人文精华和历史发展风采的并且能引领时尚的城市客厅
苏州	观前街步行街	1999	苏州市规划设计研究院、苏州市建筑设计研究院、苏州市园林设计院	逐步建成具有浓郁地方特色的融商业、文化、宗教、旅游为一体的城市中心区，促进观前地区的全面繁荣

城市	步行商业街名称	建设年代	设计单位或建造单位	设计定位
苏州	石路步行街	2003	上海同济大学、苏州市规划局	充分利用淮阳河水系，建成具有传统优势和现实基础的石路商贸区，构建集游、购、娱、吃、住、行于一体的高品位的商贸旅游经济带的黄金地段。充分发挥其城市副中心聚集和辐射功能，与观前地区形成功能互补，最终形成"哑铃状"城市贸易布局
	新区商业街	2001	苏州市政府	一条充满着日式风格的集餐饮、休闲于一体的商业街

近年来，随着经济的发展以及城市建设和城市规模的不断扩大，上海、南京、苏州三座城市新建和改建了一定数量的步行商业街，在促进城市经济繁荣的同时，也改善了城市居民的购物环境，提高了城市居民的生活质量。

1993 年，上海市政府对城隍庙商业街进行了改建和扩建，使其成为融购物、旅游、餐饮、娱乐为一体的旅游购物中心。1998 年，由瑞安集团投资进行新天地项目的开发与建设，新天地是以上海近代建筑的标志——石库门建筑旧区为基础进行改造，使其成为集国际水平的餐饮、购物、演艺等功能的时尚、休闲文化娱乐中心。为了配合地铁二号线的建设，上海静安区从整体环境出发，决定将石门一路与泰兴路之间的吴江路改造成为一条步行街。

2000 年，南京市鼓楼区政府对湖南路狮子桥进行改造，原是农贸集市一条街，经过改造规划后，成为著名的步行美食街。南京"1912"步行街位于南京市长江路与太平北路的交会处，于 2004 年 12 月建成开街，成为以民国文化为特征的南京长江路文化街的新亮点。

2003 年，由上海同济大学和苏州市规划局共同对石路步行街进行改造设计，充分利用淮阳河水系，建成具有传统优势和现实基础的石路商贸区，成为集游、购、娱、吃、住、行于一体的高品位的商贸旅游经济带的黄金地段。1998 年，南浩街改造开始，1999 年 4 月完成一期工程，建筑面积共 8 万 m^2，为苏州传统风味小吃、特色食品、民间工艺品、日用小商品以及花鸟鱼虫、古玩绣品等"苏"味极浓的市井文化集萃地。2001 年建设的新区商业街位于苏州新区，是一条充满着日式风格的集餐饮、休闲于一体的商业街。

随着时间线的一次次记录，三座城市的商业步行街都是从 20 世纪八九十年代开始建设的，再根据其地理位置，我们可以看出三个城市都位于长江中下游，珠三角地区带城市与城市之间相距并非很远，可以说是同一地区。我们再从三个城市的发展变化来看三个城市的经济发展，相对于其他城市来说，这三个城市的经济条件发展更好，我们可以看出这些城市的发展在当地地区都有着领军者的地位，在我国社会发展经济变革的进程中都发挥了不小的作用，三个城市之间相互比较，都有其相应的特色。

总结三座城市步行商业街的建设，其成功之处可归结如下：

1. 从设计发展来看

我国大部分商业步行街从无到有，在历史的长河中慢慢地得到了进步，商业街的完善与当时社会发展、经济兴衰甚至政权更迭有着很大关系，慢慢形成自己独有的商业特色，这种商业特色的出现与商业街附近的建设设施以及当地人文都有着不可分割的关系。由于社会的变革，在商业街的进化史中赋予每个商业街以独有的特色。中国的商业街大大小小不少于几十万条，但是每一条商业街的发展都不完全相同，甚至大为不同，这也注定了商业街所呈现的景观大不一样。本文举的三个城市的商业街规划都是在秉持自然的基础上实施改变和完善。例如上海东路步行街的发展离不开上海城市的发展，由于上海历史的特殊性，上海商业街所呈现的景色建筑与我国大多数地方有着不同，而且上海的部分商业街在民国时期就已经存在了，具有一定的历史意义。

2. 从设计思想来看

从思想层面来看，商业街规划的自然原因主要有当地环境因素、当地人文因素以及和当地群众生活习惯有关系，在步行街商业街的规划中应顾及这三个方面，我们一定要保护生态环境，同时深耕商业街的历史文化。例如，西安这座古城的历史文化丰富，是十三朝古都，是联合文教科文组织确定的世界历史名城，那么这座城市的商业街就应该独具特色，在游览的同时，把以人为本的设计理念贯彻落实，创造出别具一格的商业街。

3. 从设计特点来看

在重点关注商业街特色的规划时，应该从多方面着手考虑。例如，建筑材料色彩的搭配等要做到与环境融为一体。

在我国的商业街建设中，不得不承认，南京、上海的步行街在设计上更加富有特点，这也为其他城市在今后步行街商业街的发展建设当中提供了宝贵的参考意义。

三、步行商业街景观设计

（一）步行商业街景观设计的内容

商业街的目的是为行人旅客提供休息与活动的公共环境。如果你是当地的居民，你可以利用步行街商业街增进与好友的情感；如果你是游客，你会被当地的步行街深深地吸引并增加对该城市的认同感。步行商业街就像是一个城市的名牌，它的好坏决定了游客对这个城市的口碑。一条好的步行街可以帮助当地在经济上得以提升。如果设计理念以保护环境为基础，也可以增加城市的绿化面积，可谓一举多得。

（二）步行商业街绿地景观的功能

1. 实用功能

商业街选择的植物品种应该考虑到自然环境因素，如果在阳光充足且温度较高的城市中，就应选择高大的树木，因为其具有遮挡阳光降低商业街温度的作用。在这些例子当中，我们可以体会到如果充分地利用草本植物可以有效解决城市对人们生活带来的烦恼，并且我们可以利用植物来划分街道，引导行人的前进方向，这要比用围栏显得更加亲切柔和，再加上几句"禁止踩踏草坪"的标语，往往更能充分地达到目的。

2. 审美功能

我国部分商业步行街的植物造景与园林造景相结合，充满了艺术气息，体现了劳动人民的智慧与审美。它是物体与人类思维相融合的艺术品，在满足了基础设施应用方面便捷的前提下，也创造出美丽的景观，符合当代人的审美需求。随着现代化进程的发展，如何科学布局成了每一个设计团队需要考虑的问题。如何使商业街变得与自然相结合，选择不突兀，提高商业街的品位显得尤为重要。几方面全方位考虑，美术与基础服务设施相结合，就会有意想不到的收获，并满足应用便利美观实用的要求。

3. 调控功能

人类的生存依托着自然，说明自然是人类的母亲，我们具有亲近自然的理念。人们往往喜欢远离闹市，走在乡间小路享受田园风光，在节假日的时候，也会约上几名好友进行自然的回归，但是毕竟假日是短暂的，随着科技的发展，人们的居住环境越来越远离自然风光。这就导致我们对自然的向往产生了一些别样的情愫，环境宜居的绿色园林可以满足人类对自然的向往，可以在城市中体验出那一抹情绪。为了满足我们的需求，通过现代化的研究，我们得出的结论表明草本植物的绿色对人类有抚慰心灵的作用，能使我们变得更加轻松，调节我们的身体状态。绿色植物可以减少我们日常工作对眼睛的伤害，消除我们的视觉疲劳和精神疲惫，甚至可以提高我们的免疫力，根据"绿视率"，如果我们的眼睛看到的绿色超过1/4，便能缓解我们身心的疲惫，并为下一轮工作打好坚实基础。

4. 经济功能

优美舒适的步行商业街植物造景将使步行商业街更具吸引力，更加聚集人气，增加客流量，提高商品销售额，使商家获得更为丰厚的商业利润，从而使步行商业街更具商业价值。由此，将吸引更多地产商、开发商、商业投资经营户、餐饮、娱乐、服务行业、品牌专卖店等，进而促进城市的经济繁荣和商业繁荣。

（三）目前步行街绿地景观设计的问题和缺陷

在我国，绿色景观往往是商业街的主打题材。商业街是在人的基础上设置的环境，在进行商业街的环境设计时要做到设施齐全，方便人的应用。长椅、电话亭、喷泉、便利店等也应该一应俱全，公共卫生间的标语应该一目了然，虽然我国商业街尽量满足了人们的需求，但是在不同的基础上仍有很多问题需要我们去改进。

1. 对步行街绿地景观实用功能重视不够

我国现代化商业街大部分由专业的设计团队进行规划，在拿到图纸的时候，根据其面积形状进行规划，在分配绿化面积的时候，往往舍本逐末，把绿化作为吸引眼球的产品，而忘了植物的主要功能，这样的弊端影响了以人为本的发展理念，导致目前大多数商业街的规划设计只是盲目迎合人们的需求，在不同季节不能体现其根本的作用。比如在北方的冬天，盲目迎合人们眼球，却不能保护行人，不能遮挡风吹，调节温度，甚至有些植物需要按季更换。

2. 步行街绿地景观布局设计不合理

目前我国步行街绿地景观布局的比例十分不合理。其中有一些非植物景观与植物景观比例相差较大，如水井、小桥、假山等环境作品，使本就十分拥挤的步行街更加狭小，不但影响了行人的通行，还给人一种浮躁的视觉体验，并且由于过多的非植物作品比例过多影响了绿化的种植面积，不能发挥其保护环境、热爱生态的理念，目前我国大部分商业街出现了此类情况，将原本独立的建筑复制扩大到一个群体，减少了当地商业街的绿化面积，尤其近些年我国仿照国外的喷泉设置中央喷泉，这样既轻视了绿化面积，又影响了保护环境的理念，可见盲目的模仿往往会带来不好的结果。

3. 步行街绿地景观配置不合理

一部分商业街的绿化植物配比不科学，树木的种植较少，而灌木却塞得满满当当。这样会导致绿化面积的质量偏低，环境调节能力降低。我们应该选择一些乔木品种，其有几方面的优点：首先是乔木的品种美观，可使绿化面积增大；其次乔木品种易于存活、长势优良，能突出其原产地应有的植物特征，可以达到预期的效果。但是有一部分地区选择种一些不符合植物种植条件的作物，甚至有的树木上叶片较少，达不到美化环境的作用。这些树的移植耗时耗力，不能发挥应有的作用，确实是一种浪费。尤其一些树木本身的种植环境较为偏远，在运输过程当中，只保留树木的主干，减掉其多余的树叶，这样会导致树木很难存活，往往努力付诸东流。

四、步行商业街景观设计需要考虑的因素

（一）步行心理

首先，由于人的喜好不同、习惯不同，每个人的性格也不一样，并且各个年龄段都有相应的喜好，每个人对景观的评价也有所不同，由于步行街的商业性并没有年龄限制以及其他限制，因此步行街对于每种顾客都有着不同的体验，在购物者的眼中更会关注商业街，具有产品的橱窗以及店面的广告牌；在休闲者眼中更会注意一些娱乐场所，如咖啡厅、桌球室，等等。在散步者的眼中，如果环境过于单调，就会使人感觉到厌烦无聊，而如果环境改变得过快，又会让人无所适从，由此可见，在商业街的设计当中既需要避免道路过于单一，又需要避免道路环境转变过快，道路的规划更应注意大多数人的心理。

（二）色彩及视觉感受

由于现代科学的进步，人类对色彩的反应有了显著的研究成果。我们可以选择一些鲜艳、醒目且容易让人识别的颜色做广告牌标识等，以凸显商业街的范围，并且绿色的草本植物能够有效舒缓人的情绪，给人带来心情愉悦的体验。商业街整体是动态的走动的人群，会给人类带来不一样的视觉体验，但是如果过于单一，道路总是一马平川，就会显得一眼望到底，十分无趣，我们在商业街利用空间和景观的设计，让整条商业街做得更加有层次，变得更加有魅力。

（三）空间形态

在我国大多数步行街的设计上一般采用网格形状，街道的长度往往大于宽度。我们在

步行街散步时可以驻足欣赏美丽的景色，也可以挑选喜欢的商品，蹦蹦跳跳漫步前行，享受休闲的时光，在走累的时候，我们也可以寻找长椅休息。在此我们可以把上面的活动分为静止的以及运动的。

我们应该保持行人行走时平坦没有阻碍且道路足够宽广的路面，这样才能满足人们行走的需求，在行人需要驻足休息的区域，我们也可以设置相应的基础设施。两者的设计不应该跨度较大，而是应该相互联系。

（四）组织艺术

景观的组成就像拼积木一样，要思考如何美观地拼凑起来，而不是相互堆积，我们要把景观的特点与当地的人文相结合，景观的设计与我们交流的语言相同，词汇主谓的搭配可以认为是我们语言的主体，风景步行商业街和文化步行商业街也一样需要搭配。

五、步行商业街景观设计要点

（一）具有时代特征

在现代化社会店面的设计应该追随社会潮流，在基础设施上应该展现其应有的高技术，方便群众使用，在经济为主导时代的基础设施设计上，应该增加和融合现代化的理念与环境，这样才能体现现代化社会的气息。

（二）传统文化的保护与延续

随着当地城市的历史文化变化，有的商业街改进，有的商业街消亡，其中不乏一些百年老店，其独特的经营理念或者具有特色的产品吸引不少当地的居民和游客，例如，北京的全聚德烤鸭、南京的盐水鸭都为全国各地的人所知晓。商铺的建筑风格往往保留了其历史文化的沉淀，宛如在商业街点缀的瑰宝，从中我们可以看出商业街的设计，不应该都是现代化的审美，保留其原有的历史特色也会别具一格。

相对于拥有历史文化的商业街，我们可以认为它是承载历史的文物，也可以说历史在商业街内部，我们应贯彻保持文化特性与城市共同发展，这样才能把商业街建设得有声有色。

（三）完善的环境设施

著名景观建筑师哈普林曾这样描述：在城市中，建筑群之间布满了城市生活所需的各种环境陈设，有了这些设施，城市空间才能方便使用。这句话充分表达了在我们生活的城市当中，基础设施的完善丰富更能使现代化的商业街变得完善且丰富。在草坪上设置为行人休息的地方，在各种绿化设施附近放置回收垃圾小点缀、一些小的花卉，显得更有创意更加亲近自然。路灯也可以设立在绿化空间内。通过精美的设计，让各种设施与绿化环境融为一体。这些基础设施不仅满足了行人的需求，也成为商业街风景的一角。

在本文中，我们更需要注意的是步行街上的草本植物，例如，树木确实能起到遮阳的作用，但是如果树木的高度掩盖了商业街本身，就有一些舍本逐末了，由此可见，处理好其中的平衡就显得尤为重要。

（四）步行街绿地的人性化设计

商业街的绿化景观对整个商业街的面貌有着很重要的影响。现在的人们越来越重视环保理念，街道绿化的完善能体现出商业街的整体理念。各个街道的绿化对于整个城市具有添枝加叶的意义。商业街道的绿化并不是像我们想的那么简单，我们需要与城市的氛围特点有所呼应，如果搭配不得当，往往会起到相反的效果，甚至会对街道产生破坏。在沿街的建筑上，我们一般选用枝叶茂盛且叶片大、容易生长存活的绿色植物。这样会给人带来一种整齐划一的视觉体验，并且保证了街道的独立性，让人感觉舒适。在我国以人为本的发展理念中的商业街，目的不仅是拉动消费，更是为人们提供一个散步休闲的娱乐场所，在人们一周工作紧张的环境下带来一丝丝放松是非常不错的，可以提高居民的幸福感。一条好的商业街不仅是一个购物地点，还能为整个城市带来改善环境美化环境的作用，成为城市内别具一格且让人放松舒适的娱乐、购物场地。

（五）步行商业街的"见缝插绿"

商业街在人们的脑海中总是充满了经济利益，显得有些刻板。那么怎么改变人们脑海中的印象就十分重要了，我们经常增加商业街绿化区域的面积，在商业街中采用了"见缝插绿"的手段。这能有效增加商业街的绿化面积，与我国生态环境保护的发展理念遥相呼应。这是保护生态环境的有效手段。绿化的层次不应该只看平面，而是应该利用墙壁墙体种植一些藤本植物，如爬山虎、金银花等植物，它们会沿着墙壁生长，这样就会大大增加绿化面积。

另外还可以在商业街建筑的窗台上摆放一些藤本植物或者栽种一些花卉，使浮躁的都市显得不那么嘈杂。

在商业街的屋顶上也可以设计一些景观空中花园，一样可以增加绿化面积，可以邀请设计师帮忙，也可以自己动手设计，从而创造出自己喜欢的空中花园。而在商业街有很多商铺是利用自己独特的建筑风格和具有特色的空中花园与店铺理念交相呼应的，使自身品牌的产品形象得以提高，从而显得更加有文化气息。

（六）雕塑设计

为了美化建筑设施，我国的步行街以及商业街往往会在广场或者商业街中心放置一些雕塑，这样做显得格调更高，有文化气息，往往会带来更高的收益，并且在广场内还会设立一些基础服务设施来完善步行街以及商业街的基础服务建设。其实，我国大部分步行街的建设和设计都是根据当地群众的性质以及此步行街的商业范围作为规划主干的。活动范围的规划正是根据人们的需求采取重组整合而来的，在满足群众需求的同时，使群众身心愉悦，更好的增加消费，拉动经济增长。另外，在利用环境的优势刺激消费后，还需重视用户的后续体验。

（七）景观植物的选择

植物的选择十分重要，例如，在城市内部的人行街道，我们应该以高大的树木为基础，再以精美的花卉与小型灌木丛点缀，就会显得十分和谐，由此可见，品种搭配比例显得十分重要。

我们要注意生物的多样性，要符合自然规律，不能为了标新立异而违背自然规律，避免如种植不符合当地土壤环境、天气气候不适宜等诸多自然因素，这样只会浪费生态资源，有些城市盲目追求标新立异，引进亚热带植物，虽然看起来很奇特，但往往生长得不尽人意，甚至存活几个月就枯萎了。这样不仅大大浪费了生态自然的资源，也得不到好的效果。

在尝试选择种植的树木品种时，我们会依据当地的土壤天气、自然物质情况为标准，选择适合游客观看欣赏的树木。在公园种植易存活、叶片大的树叶，这样有很好的避暑效果。行人可以在炎热的夏天坐在有阴凉的长椅上小憩。下面我们以重庆为例，重庆这座城市属于半山区，选择的城市树木以黄葛树为主。我们仔细分析一下植物的特征就清楚了，首先该植物生长速度足够快，并且拥有旺盛的生命力，树木枝叶复杂，有很好的避暑效果，并且树木的形状美观。随着时间的流逝，树木也逐渐沉淀，显出古朴沧桑的韵味，往往能使游客驻足观赏，产生别样的情怀。树木的选择完毕，我们就可以根据季节的变化，选择花卉为树木做一些点缀，我们经常选择菊花、太阳花等易存活的植物。

第九章 城市广场空间弹性设计研究

第一节 相关概念与理论研究

一、弹性的相关概念

（一）弹性的基本概念

在不同的领域内，弹性的意义也有所不同。在力学中，弹性是指物体受到一定外界因素的影响下所产生的应变或应力的性质。而本文所研究的城市广场空间设计领域的弹性，即在城市公共空间设计的领域内，能够满足多样性需求的广场空间和构成要素所具备的特性。在城市广场空间的弹性设计中，设计者应具有弹性思维，使广场空间具备可调整、变化、发展的能力。设计过程也是广场空间创造弹性的过程，目地是使广场空间能够动态地适应城市发展与市民不断变化的需求。

居住空间的弹性设计表现为根据业主的功能需求变换空间的形态，以满足不同生活和工作的活动需求，即为通过对居住空间与结构运用各种设计手法和元素，使空间具有灵活可变的特性。

从广义上讲，广场的设计就是创造出能够满足市民日常交往活动的公共空间，使空间具有活力。而本文中研究的城市广场弹性设计是应对未来各种变化的一种方法，在空间中考虑需求与行为的变化，在时间上考虑未来渐变或突变的可能，通过设计，使有限的场地展现出适应功能变化并进行调整的能力。弹性设计的方法并不是固态的、单一的，而是要在运用弹性思维的同时，结合其他空间设计方法，实现弹性城市广场的设计。

（二）弹性理念在设计领域的体现

1. 蒙德里安风格派

受到赖特的影响，弹性思维在住宅空间内最显著地体现为施罗德住宅，格里特·托马斯·里特维尔德运用弹性空间的设计方法，在不影响建筑实用性的前提下，以折叠隔墙板划分空间，通过不同的分层使房间相互独立。

一层平面离心又向心：施罗德住宅的一层平面整体为矩形，室内空间以不规则的墙体划分出不同区域，平面从承重墙的阻隔和穿孔式开口的限制中解放出来，打破外墙的封闭性，产生动态而通透的效果。住宅内客厅、书房、工作室、储物室、保姆房、厨房环绕楼梯布置，使各空间的联系紧凑有序，浪费变小，还可互相转换改变功能。

二层平面开放可变：二层平面为起居活动的主要空间，也是施罗德别墅设计的重点。此空间最大的特点是流动性强，以可活动的隔断墙划分各功能空间，房间的功能与空间形态可随着隔断墙的活动而改变，从而满足空间功能的弹性变化。

施罗德住宅从设计到建造，设计者便与使用者进行交流与合作，不断完善并改进住宅的设计。在空间内，使用者可利用灵活的隔断墙改变空间的分隔形式，以适应当下的心情或行为活动，使空间具有一定弹性，调整人与人的距离，并应对时间的变化（如图9-1所示）。居住空间通过相互开放扩展，将有限的空间充分利用起来，使空间具有开放性、多变性和灵活性。施罗德住宅不仅成为居住空间弹性设计的先例，还使设计行为具有一定弹性成为可能。

图9-1　施罗德住宅内部空间

2. 传统木构架建筑内所体现的弹性思维

在我国，弹性思维早已蕴含在传统的木构架建筑体系当中，如今研究探索的弹性设计原则与方法在传统建筑中都是自然而然体现出来的。"中庸"的设计思想在中国传统的木架构建筑中体现的极为传统。从思维方法的角度来说，中庸是指在诸多矛盾中，探索什么是事物所处的最佳状态，以及什么是达到这一状态的最佳方法。[①] 它具有高度灵活性，能

---

① 虞杭．中庸之道新论［J］．青岛大学师范学院学报，2011.4.

够充分调动一切现存条件，以达到最佳状态。受这一思想的影响，中国传统的房屋、服饰、器件等设计都采用通用式设计。中国传统的建筑房屋设计就采用"通用式"，其原则为每一间房屋不管什么用途都合乎使用。[1] 在中国传统木构架建筑体系中，人们对空间不会以功能的不同而对其进行区分，这就给功能在各空间之间的转换创造了条件。建筑空间的功能方面是模糊的、不确定的，也正因为如此，建筑空间在结构与空间形态相对固定的前提下，可以适应功能的变化。例如，在北方，房屋种类包括正房、厢房、下房、堂屋、腰屋、里屋等，而在南方则为中庭、中间、东间、西间、东次间、西次间等。其中东间既可用作卧室、起居室，也可用作书房、餐厅；建筑群体具有高度灵活性，一个可容纳一个大家庭居住的大宅院通常由几个小的院落串在一起组合而成，相反，将大宅院划分成几个院落，则可形成供多个小家庭居住的小宅。宫殿建筑群的空间序列多为中轴对称式，每个单体采用标准化设计，通过单体建筑，在空间排列位置上体现出地位的差异，在功能上并无限定，可满足不同功能的需求，例如，清朝后期的参政议政场所由太和殿改为乾清宫正是基于这一前提。

随着时代的发展，中国传统木构架建筑在空间和结构上具备较好的适应能力，更加多样化、复合化，以满足变化的功能需求。例如在中国传统四合院的构造中，以元件装配为基本逻辑，利用可大可小的结构组成木构件，并采用装配式结构，自由划分内部空间，其中支撑屋顶和楼层的木构架和分隔空间的墙体在结构上是分开的。在使用过程中，木构建筑的元件常出现腐烂情况，但由于元件多以榫卯方式组装，因此可自由更换腐坏元件而不破坏整体结构（如图9-2所示）。南方某些建筑的墙裙是活动的，可通过拆下裙板，使室内和室外空间连成一体；北方房屋中上扇可支、下扇可卸的支摘窗可通过简便推出、支起、摘下等方式改变空间特征，以满足不同的功能需要（如图9-3所示）。

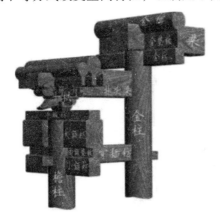

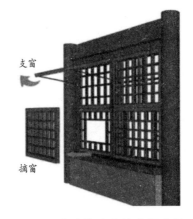

支窗

摘窗

图9-2　传统木架构建筑中的榫卯结构　　　图9-3　古建构建支摘窗示意图

---

① 李允鉌. 华夏意匠：中国古典建筑设计原理分析［M］. 北京：中国建筑工业出版社，1985：79.

3．园林景观中所体现的弹性思维

中国古典艺术讲究园林的生动与空灵，运用绘画当中的留白，以最简约的手法给人以最大的想象空间，创造张弛有度、变幻莫测的弹性空间。古典园林独特的意境美是由于古代文人、画家介入造园艺术中，赋予浓厚的情怀意趣，这与弹性设计中反对景观的刚性设计、追求景观设计的动态变化相契合。

借景：作为人类空间知觉中最有力的一种，视觉边界决定了园林空间的真正边界，而非院墙。不同节点可通过借景相互加强联系，使空间更加饱满、自然且具有整体性。如苏州园林拙政园内最长的观景流线指向园外的北寺塔，成为全园的视觉聚焦点，使园林在小面积中增大了空间边界。得真亭与小沧浪之间的建筑空间与外部环境的融合模糊了内外界限，突破了尺度的局限，这也是弹性思维在空间尺度上的一种体现。

错觉：人在感受空间时具有很强的主观性，常以惯性的思维感知空间，园林中以不同的途径使人产生错觉，在小空间感受到大意境。如倚玉轩和香洲在空间上无法直接到达，会使游客在心理上产生距离感，但院落的围合与场地条件相适应，空间感受更加丰富，使空间在尺度上更具有弹性。

虚实：作为中国传统园林艺术的精髓，虚实相生是中国古典美学的重要原则，能够使空间更加丰富、连续。在拙政园中，到达湖心岛的路径皆为曲桥，通过流线的曲折延长游览时间，由独立的小空间转折到开阔的大空间，使空间内部划分层次分明、变化多样；增加天井、设置水面等措施都可增加视觉落点，满足弹性空间的多样性，使空间体验更丰富（如图9-4所示）。

图9-4　拙政园以水面倒影、假山、游廊体现虚实关系

秩序感：相比在园林形式上，弹性思维更多的凸显在意境中。对于简单、规律、连续的事物，人更容易产生整体意象。拙政园的魅力在于其完美的空间组织，在空间结构上，整体与局部对称，不同层级相互呼应，曲折变化，使空间极具灵活性，也更加丰富；另外，游廊带来的序列景观使得时空变化交织在一起，空间更具节奏感。

常用的传统园林设计手法通常在空间中组合运用，从而产生不同效果，空间的具体情况不同，在园林内涵上也各有侧重，所展现的空间弹性是综合体现出来的。在中国传统私家园林中，"咫尺山林"的造园艺术通过模糊空间的边界，营造出"小空间，大自然"，是弹性空间格局的一大典范，同时为解决现代城市用地紧张、绿地分散的弹性设计问题提供了参考。

二、弹性设计的相关理论

（一）环境行为学

"环境行为学"这一名称是美国研究学者普洛尚斯基和伊特尔森首先提出的，属于心理学的一部分，其理论起源于 20 世纪 60 年代，澳大利亚悉尼大学教授 Gary T Moore（2004）把环境—行为研究扩展为英文缩写字母同样为 EBS 的环境、行为与社会研究，成为广义的环境行为学。环境行为学的研究目的为探究物质客观世界，这个庞大的系统和人类系统之间相互影响、相互依存，分别以物质客观环境和人的行为为主体进行研究。80年代以后产生了许多相关著作，其中以美国环境设计学会（EDRA）为代表编著了如《环境与行为》等出版物，并在世界范围内成功举办了多届国际研讨会，编著教科书、专著达三十余册。[1] 随后，世界各国均开始以环境行为学为理论依据进行研究、发表相关著作并组织会议，推动了相关学科的发展。

环境行为学主要包括环境决定论、相互作用论和相互渗透论。环境决定论认为人的行为都是受外界环境的影响，不同的外在客观环境导致人们产生不同的行为，但这一观点忽略了人的主观能动性，忽视了人可以根据需求而选择环境这一现象，这也是该观点的局限性，"如果脱离了环境，讨论个人行为的外在影响和被影响，则是毫无意义的"[2]，相互作用论则避免了这一局限性，它将人与环境看作相互独立的存在，认为人的行为与环境是相互影响的，具体体现为：人不但可以选择环境，还可以主动利用环境并改变环境，从而满足人们的行为需求；环境渗透论则是互相作用论的进一步深化，它并不是简单地讨论人与环境这两个个体，而是从多角度多要素进行分析。人作用于环境并不是简单地影响或改变环境，而是通过使用来解读环境的意义，从而改变环境的特征与属性。这种渗透关系并不是固定的，随着时间、空间的变化，渗透关系也会发生变化，而这其中具有一定规律可遵循。

① 蔡建明，郭华，汪德根. 国外弹性城市研究述评 ［J］. 地理科学进展，2012，31（10）：1245-1255.
② 李道增. 环境行为学 ［M］. 北京：清华大学出版社，1991：1.

广场空间设计的主要目的在于满足市民的活动行为需求。而环境行为学的意义就在于，在结合广场周边环境的前提下，充分考虑不同空间与使用者行为活动的关系，设计安全且灵活的活动空间，从而指导城市空间人性化设计与空间环境的和谐发展。

（二）共生哲学

由黑川纪章提出的共生哲学理论是从存在主义和结构主义发展而来的，也是对西方中心主义和理性中心主义的批判和改造。1979 年，在主题为"走向共生的时代"的横滨国际设计大会上，黑川纪章第一次正式使用"共生"一词。黑川纪章一直致力共生哲学在建筑学领域中应用的研究：20 世纪 60 年代，通过面向未来的高技术建筑表现成长和代谢，提出新陈代谢论和开放结构；20 世纪 70 年代开创了城市和建筑中的"灰空间"，提出变生和模糊性，在此之后，便提出"共生"思想。1987 年，黑川纪章出版的《共生的思想》中，将共生哲学的内容分为八个部分，分别为异质文化的共生、人与技术的共生、内部空间与外部空间的共生、部分与整体的共生、历史与未来的共生、理性与情感的共生、宗教与科学的共生以及人与自然的共生等。

黑川纪章提出："灰空间，不能是封闭的，它必须是敞开的、与自然相互渗透的。"他主张将建筑内部向中庭敞开，设置休憩、交流、观赏、活动等场所，外部向城市敞开，空间边界之间做透明处理，使得空间与城市、建筑中庭与室内空间相互关联，其中建筑的公共空间和私密空间联系紧密，避免疏远感。广场空间自身与城市空间同处于运动变化之中，存在错综复杂的联系。在这种情况下，城市公共空间的设计理念不再是传统的二元论，而是要求"共生化"。城市广场的设计可通过空间的渗透来实现共生哲学，使内部各空间互相联系，满足空间的连续性，也使广场空间越来越融合城市环境，承担部分城市职能，成为城市空间系统的有机组成部分，满足城市中人们对美好生活的向往和多元化需求。

（三）通用空间理论

20 世纪 50 年代，世界建筑大师密斯·凡德罗认为："建筑物服务的目的是经常会改变的，但是我们并不能去把建筑物拆掉。因此我们要把沙利文的口号'形式追随功能'倒转过来，去建造一个实用和经济的空间，以适应各种功能的需要。"① 因此其提出了形式不变、功能可变并追求适应多功能的空间——通用空间的理论。在这种思想指导下，追求适应多种功能的大空间成为一种时尚。

---

① 刘先觉. 密斯·凡德罗［M］. 北京：中国建筑工业出版社，1992：73.

通用空间的理论最早被应用于建筑中，即运用大的框架结构营造具体空间，并将大的空间自由分割为多个简易而多变的小功能分区。在"空间"形成以来，我们就发现无法通过无边界的感知确定空间的范围，只有通过围合来确定空间的形态、大小。古代崇尚封闭的围合空间，而现代更追求内部与外部具有流通性的开敞空间。根据外部空间与内部空间的关系，密斯将两者可以相互转换的空间定义为"流动空间"，并在之后的实际建造经验的积累下，完善了通用空间的概念，并演化出"少即是多"的设计理念。

在室内设计领域，通用空间要求空间可以满足任何人的安全使用，能够适应不同使用者的需求，并提供足够的弹性，同时要求空间具有可达性与易使用性，并且有足够的活动空间。这些标准与当下人们对广场空间的需求相适应。虽然通用空间的理论还未被广泛地应用于景观空间中，但在本文的广场空间弹性设计中，仍可借鉴其理论作为参考。

（四）共享空间理论

共享空间的设计灵感来源于约翰·波特曼参观圣彼得大教堂与纽约古根海姆博物馆的感受，通过亲身感受，他认为人需要从有限的围合空间中解放出来。在早期，波特曼在酒店建筑内创造巨大的中庭空间作为建筑内的公共空间，营造精神上的自由感，从而激发丰富的行为活动，使人从心理上感受到空间的共享与关联。这种超大尺度的公共交往空间可容纳丰富的活动，大空间成为人们活动的背景，创造出可随意交流和放松的环境，活跃空间形态的同时，满足人们的心理需求。

一个公共空间可为市民提供休息、活动、交往的公共场所，对城市公众开放，并满足人们的精神需求，这种公共空间也可称为共享空间，它作为一种精神空间而存在。随着社会的发展，由中庭空间逐渐延伸出室外空间、半室外空间、地下空间等更多的共享空间，形式更为多元，以适应人们随着生活品质提升所变化的使用需求。波特曼的共享空间模式的核心是创造动态的公共交往空间，其要点包括空间尺度的开阔、空间的多功能性以及人与人之间的共享。城市广场的空间多为静态的，波特曼的共享空间理论则为此提供了借鉴与启示。

三、城市广场的相关概念

（一）广场的定义

广场起源于西方，是西方城市的构成核心，也是最早用于庆典和祭祀等集体活动的场所。公元前5世纪，希腊人将广场称为"Agora"，表示人群集中的场地。在我国，广场中的"广"字强调空间的开敞，"场"字强调人的活动场所，"广场"即容纳社会活动功能的空间。西方主要强调广场的交通功能和对公众的开放性，中国古代则更多地把广场与它的文化性、功能性联系起来。

城市广场作为城市开放空间的重要组成部分，在学术界的定义也有多种观点：Unwin编著的《城市设计基础》强调了城市广场的历史延续性，认为"广场是古希腊和古罗马市场的现代表现形式"，提出城市广场具有开阔、可使用的特征；《中国大百科全书》将城市广场定义为"城市中由建筑物、道路或绿化地带围绕而成的开敞空间，是城市公众社会生活的中心，是集中反映城市历史文化和艺术面貌的公共空间"①；《城市规划原理》中写道："广场是由城市功能上的要求而设置的，是供人们活动的空间，城市广场通常是指城市居民社会活动的中心，广场上可进行集会、交通集散、居民游览休憩、商业服务及文化宣传等"②；日本学者卢原义信在《街道的美学》中认为"广场是强调城市中由各类建筑围成的城市空间"，同时在构成上满足边界线清楚、有封闭空间、铺装面到广场边界、周围建筑高度与广场宽度协调四点③。

综上所述，虽然不同的学者对广场的定义不同，但是都将城市广场看作一种开放的公共空间，是根据城市功能的要求专门设置的户外空间，具有良好的可达性与可参与性，更是能满足人们交通、游览、休闲、运动、娱乐、集会等各种活动的多功能外部空间。本文所研究的城市广场空间是从空间使用主体和广场周边环境两个角度出发，能够满足不同使用人群在时间、空间、生活三种维度的不同需求的开放空间，同时具有多功能性、可变性与动态适应性等特征，用以承载城市居民不同空间环境下丰富多样的生活事件，促进人与城市空间的和谐相处，从而实现城市公共空间可持续发展。

（二）广场的定义

随着城市的发展变化，对广场空间也不断提出新的要求。最初的城市广场各具特色，随着时代的不断发展和变化，能够适应社会需求变化的优秀广场逐渐显现，而这些广场具有共同的特征，那就是能够适应发展。

我国文献中最早出现的有关城市广场类型划分的研究为选自日本建筑设计丛书"公园内设施"内的划分方式，由于广场是结合道路规划设置的，主要位于交通要地、桥畔、主要公共建筑物四周，是多数市民短时间集聚的场所。根据其目的不同，都市广场主要分为

① 中国大百科全书［M］. 北京：人民出版社，1988：321.
② 李德华著. 城市规划原理（第三版）［M］. 北京：中国建筑工业出版社，2001：6.
③ ［日］芦原义信著；尹培桐译. 街道的美学［M］. 天津：百花文艺出版社，2006.

装饰广场、纪念广场、休息广场、游戏广场、交通广场、市场广场和典礼广场（集会广场）（见表9-1）；中央电大的王承先在其《城市规划学学习辅导》中将广场分为集会游行广场、交通集散广场、纪念广场和生活游览广场四类；张骏在其《现代城市广场设计方法研究》中首次提出综合广场在城市中的位置、环境、功能和活动内容，以及主体建筑及其标志物，按照广场的主要性质功能进行归类，包括市政广场、纪念广场、商业广场、交通广场和休闲娱乐广场五种类型，而这也是现如今城市广场空间研究中最主要、应用最为广泛的广场分类方法（见表9-2）。

表9-1　都市广场的分类及主要活动

广场类型	目的	主要活动
装饰广场	广场本身作为观赏对象或为修饰建筑物而设置，位于街道交叉点或被修饰建筑物前、周围等地点	观赏、散步
纪念广场	设置于以铜像、纪念碑、纪念物等为中心的地点，或与被纪念的事物有关系的场所	纪念活动
休息广场	为附近居民及一般行人休息而设置，多在安静、安全的地点，以及便于行人利用，多在街道交叉点和主要道路两旁等地方	休憩、静坐、交谈、观望
游戏广场	为附近居民的幼儿服务而设置，设施较简单，且避免在交通频繁的街道交叉点及沿街两旁	嬉戏娱乐
交通广场	为了使车辆、行人安全而畅通地通行而设置，多在街道集合的交叉点、桥头、站前等地设置	穿行、通过
市场广场	为了市场开放和摆放摊位而服务的广场，常在交通要道上	购物、售卖
典礼广场（集会广场）	供附近居民进行宗教典礼活动以及举办其他集会用的广场，多在面向主要交通道路的场所	典礼活动

表9-2 按广场主要性质功能划分的城市广场类型

广场类型	特征	案例
市政广场	多修建于城市行政中心所在地，是市民和政府沟通或举行全市性重要仪典的场所，广场尺度规模不可过小，并且不宜布置过多的娱乐建筑和设施	
纪念广场	为纪念人物或事件而建的广场，注重突出某一主题，广场中心或侧面以纪念雕塑、纪念碑、纪念物或纪念性建筑作为标志物，广场本身应成为纪念性雕塑或纪念碑底座的有机构成	
商业广场	集集市贸易、购物、休息、娱乐、饮食于一体的广场，是城市生活的重要中心之一，广场空间中大多以步行环境为主，内外建筑空间相互渗透，娱乐设施齐全，建筑小品尺度和内容富于人情味	
交通广场	包括站前广场和道路交通广场两类，是城市交通系统的有机组成部分，它是交通连接枢纽，起交通、集散、联系、过渡及停车作用，并有合理的交通组织，可解决复杂的交通问题，分隔车流和人流	
休闲及娱乐广场	为人们提供安静休息、体育锻炼、文化娱乐和儿童游戏等活动的广场，是现代城市改善环境质量和市民生活中不可缺少的重要场所，一般包括集中绿地广场、水边广场、文化广场、公共建筑群内活动广场及居住区公共活动广场等	

　　除此之外，在其他较多文献研究中还具有出现频率较高的其他分类方式，例如，按广场在城市规划结构中的不同地位，分为市级城市广场、区级城市广场、社区级城市广场三个等级；按地坪高程分为地面广场、高架广场及下沉广场等（见表9-3）。

表9-3　广场的其他分类方法

广场类型		特征	代表广场
广场在城市中的地位	市级城市广场	如城市中心广场，城市火车站站前广场、市级行政中心广场等	西安新城广场、西安钟鼓楼广场、咸阳统一广场等
	区级城市广场	如区级政府中心广场、居住区级各类广场等	未央区城市运动广场、浐灞城市广场、老城根商业广场等
	社区级广场	包括小区中心广场、重要地段和建筑物前的广场	明德门社区广场、安定广场、阳光小区文化广场等
地坪高程	地面广场	广场内地面与周边建筑环境位于同一水平地面，使用最为普遍	大雁塔广场、南门广场、贞观文化广场等
	高架广场	在部分交通流量大、用地面积紧张处，将广场整体抬高架空，将活动空间与交通空间立体分隔	上海陆家嘴高架广场、苏州中心的高架广场等
	下沉广场	下沉广场是主广场中的子广场，运用垂直高差的手法分隔空间，取得视觉效果和空间效果	太奥下沉广场、钟鼓楼商业下沉广场等

　　针对本文广场空间弹性设计的研究，出于对"弹性"的考虑，应在广场分类时着重考虑广场的使用功能，但并不局限于某种单一的空间功能，而是要根据广场内使用人群的需要随之改变。而广场的主要使用人群是受周边环境与业态的影响，本文提出基于城市广场周边环境业态与广场的主要功能进行类型划分，可分为居住区附近的生活性广场、旅游景区内的旅游性广场、商业区购物中心地段的商业性广场以及办公区写字楼周边的商务性广场四类。

（三）城市广场弹性设计的意义

1. 改变城市广场应对变化的方式

　　弹性设计的相关理论认为，弹性设计不是单纯的抵制变化，而是将变化消化并吸收。抵制是指将变化视为单独的存在，把危机及干扰排除于系统之外，且系统是静态的；消化和吸收则是把变化视为系统自身的一种属性，通过内部调整达到一种新的状态，这是动态过程。对于传统设计理念而言，弹性设计改变了人们对待城市广场空间变化的态度，体现了人类对自我与自然关系的重新认识。人类属于社会系统，随着社会的发展而变化，应不断调整与社会相互联系、和谐发展的关系，在面对变化时，应将其视为机遇与挑战，通过理性的分析与行为，以更加平和的心态对待城市广场的动态发展变化。

2. 打破了传统秩序性和静态化的设计思维

《雅典宪章》认为：一个良好的城市是"其各个功能都处于平衡状态中"。这种传统的设计理念旨在打造一个稳定的城市，体现了其对空间平衡的极度追求。然而弹性设计理念认为变化才是常态，以自然力作为系统运作的内在驱动力，这就强调了"以变化为前提来解释稳定，而不是以稳定为前提来解释变化"。在此弹性设计理念的影响下，城市广场通过抵抗发展所带来的变化与干扰，从而达到一种动态平衡。弹性思维的意义在于赋予空间系统动态的特征，避免设定任何状态作为"常态"，解开固定化、静态化思维对广场发展形成的束缚，这种思想上的改变为广场的发展提供了更多可能性。

3. 提升居民生活品质，增强社会弹性

广场的社会弹性是指城市广场面对社会变化调整适应的能力，从而提高市民的幸福指数，这也是可增强广场弹性的一方面。城市广场空间作为公共活动场所，既能为市民提供必要的休闲活动场所，释放市民在快节奏地工作生活中产生的压力与负面情绪，又能保证城市的秩序和稳定性，这些都能为城市广场的空间增加活力。

第二节　城市广场空间弹性景观要素分析

一、广场使用主体分析

从社会学的角度而言，人作为构成城市广场的核心，是广场空间的主要研究对象。在城市中，随着人的行为活动逐渐形成了广场，并不断发展变化；从建筑学的角度来看，空间因人的存在而产生，空间和空间内人的行为构成了城市广场的最基础特征，研究广场空间要从广场空间的主体——"人"来入手。

城市广场的类型由广场的主要功能所决定，因人的活动不同，广场的主要功能需求也不同，由此广场可分为不同类型，如生活性广场、旅游性广场等。广场还会因为人们的年龄和活动类型不同而形成不同的区域空间，包括游戏区、绿地、健身区、休息区等，用以

进行室外健身、运动、互动交流、观赏方式等行为活动。人作为广场空间的主体，是广场空间设计的前提和基础，即在进行广场设计前，需要考虑广场空间内的主要使用者类型及主要的休闲活动内容。

就本质而言，城市广场的使用者包括各类人群，按年龄层分为老年人、中青年、青少年、儿童等，按身体状况分为健全人、残疾人与其他行动不便者等，每个人都有公平使用广场空间的权利。通过实地调查研究发现，广场内不同类型的人群，其活动的时段、时长与活动频率均有差异，广场设计要有针对性地为不同人群提供适宜的活动空间。同时，不同类型的人群也有着各自特殊的需求，如残疾人、老年人、儿童等在方便性、安全性等方面的需求远高于其他人群，由此可见，广场空间的弹性设计离不开对使用主体的分析。对于不同类型的广场，由于主要使用人群具有差异，在设计中需要通过详细的调研、分析、归纳，依据各主要人群的使用规律与活动特征，结合空间设计要素的属性与特点进行设计，满足市民对广场不同功能的需求。本小节以分析空间主体为基础进行概述。

（一）使用人群的类型

城市广场是一个开放的、可容纳各类使用人群进入并活动的公共空间。扬·盖尔在《交往与空间》中提道："不同的人、不同的族群在不同的场合，对于空间的宽容和要求有着很大的不同。"[①] 作为城市广场空间的主体，只有当多种类型的使用人群进入空间中进行活动时，广场的活力才能够被充分激发出来。因价值观、社会地位、个人兴趣爱好、生活作息习惯等不同，城市广场空间的使用人群在广场空间中的行为表现也不同。使用人群按年龄可分为儿童、青年、中老年等；按性别可分为男性和女性；按职业可分为学生、上班族、自由职业者、退休人员等；按区域分，又可分为外来人员和本地人。这些不同的使用人群都有着不同的心理需求、行为模式以及活动规律。在这些因素中，对广场空间中的行为活动影响最为显著的是年龄及性别。

1. 年龄

不同年龄阶段的人群具有不同的生活能力、生活规律以及社会角色，在这些因素的影响下，人群的行为活动会产生较明显的差异。根据年龄的划分，可将广场的使用人群分为儿童、青年、中老年三大类型。

游戏是儿童户外活动的主要内容，不同年龄段儿童的游戏种类和游戏方式也各有不同，常见的有追逐、骑车比赛、放风筝、戏水、轮滑和其他器械类游戏等，种类丰富且极具活力，常需要家长的看护，同时易吸引其他人群的围观，从而引发更多的互动、交谈、观看等

---

① 扬·盖尔. 交往与空间 [M]. 北京：中国建筑工业出版社，2002：26.

行为。因此在设计儿童活动空间时，要保证场地的开阔与设施的多样（如图9-5所示）。

图9-5　好动的儿童为广场增添活力

青年人群的时间大多用在公司与家庭上，在广场的使用时间上局限性较大，活动时间较短，多集中在工作日的晚饭后、周末与节假日。因个人需求而使用广场时，主要进行通行、交谈、室外进餐、散步、带家人活动等行为，活动类型丰富，目的较明确，且多为单人或小群体活动（如图9-6所示）。针对青年人群的行为活动，广场需要多在空间的私密性上加以考虑。

图9-6　青年在广场中多表现为静态的

中老年人大多已不再工作，生活重心转移到照顾家庭上，精神上无所寄托，渴望得到关心、帮助和照顾，需要更舒适的室外空间与丰富的社会活动，包括晨练、交谈、闲坐、休憩、遛狗、照看儿童、下棋、演奏、散步、慢跑、广场舞、观景等一系列类型多样的行为（如图9-7所示）。

图9-7　中老年人为广场中最主要的人群

2．性别

在广场空间主体的分析中，使用人群的性别为另一重要影响因素，在空间设计中，性别的差别所带来的需求差异也应被列入设计范畴内。不同性别由于种种差异，对空间的使用和需求会有所不同。由于不同的广场类型会吸引不同性别的使用人群，因此在空间弹性设计上应满足他们不同的行为模式。

（二）使用人群的需求

早在我国古代，老子对空间概念就有所阐述："埏埴以为器，当其无，有器之用。凿户牖以为室，当其无，有室之用。是故有之以为利，无之以为用。"[①] 要为城市广场提供变化的可能性，可从探索广场的使用主体——"人"来入手。人作为广场空间的使用者，是影响广场空间弹性设计的最主要因素，充分考虑人的心理及生理需求，对提高城市广场空间的弹性起到了决定性作用。著名心理学家亚伯拉罕·马斯洛将人的需求分为五个层次，分别为生理需求、安全需求、社交需求、尊重需求、自我需求，若将其应用于广场内人的行为需求分析，可以分为生理需求与心理需求，其中心理需求是广场这类室外活动空间存在的最大意义。

1．生理需求

也被称为"潜意识"，人们会在使用广场空间、感受广场环境时，依据自身经验，对广场及广场周边的环境做出相应的判断与评价，进而对空间环境做出行为反应，这便是"潜意识"。人对空间环境的生理需求是城市广场空间进行设计规划的最基本依据。

2．心理需求

相对于人对空间的生理需求，本文研究的空间着重基于人的心理需求，上文中所说的安全需求与社交需求都可归类为心理需求。近几年，随着城市的发展，心理需求也逐渐产生了变化，这种变化具有一定持续性。为了使广场空间能够满足这种持续性变化的心理需求，广场空间的弹性设计尤为重要。对于广场中的使用人群而言，心理需求中最重要的三种需求分别为安全性需求、舒适性需求以及公共交往需求。

（三）使用人群需求的变化

随着人们的生活质量提高到新的水平，人们的需求也不断提升，并从单一性转化至多

---

① 老子［M］．北京：中华书局出版，1962：3-6.

元化。人们的需求除了在种类上更为多元，也会随着时间而不断变化。通过分析，我们可以得到以下三点：

1. 对自然向往度的增加

随着社会的进步，越来越多的人生活在高楼林立的都市之中，每天承受来自各方的压力，患职业疾病的人群越来越年轻化。因此人们更加渴望亲近自然、放松身心。若在广场中可通过适当的绿化，打造舒适的空间环境和适宜室外活动的区域，则能吸引更多人群。

2. 对社会交往的渴望

渴望公共交往的需求是人类社会属性的表现。但在过去的几十年里，人们主要追求基本的生理需求，直至改革开放，基本的温饱得到满足后，更希望通过丰富多彩的交往活动接触不同的人群，不断了解和认识社会，通过交往活动来感受实现自身价值的愉悦感，这也就是人们对爱与归属感的心理需求。城市中的广场空间正是人们进行社会交往活动的最佳场所，其被越来越多的居民所使用，从最初零星的人群、单一的活动发展到现在满足越来越多的功能需求，以适应人们变化的生活方式与生活内容。

3. 对体验感的追求

在最初，人们的户外活动多是为了强身健体，现在人们来到广场空间则多是为了放松身心、缓解压力，需要更加优质的空间使用体验感。人们所追求的体验感除了体现在可以自由支配、选择活动时间与活动地点上，即在广场活动时体验到一种无拘无束的自由感，也可在广场上感受到除体育活动外的文化类、音乐类、特殊节日类等多样的活动类型，感受广场的变化感。这也是一种精神状态的满足，对广场空间的体验感也有了更高需求。

使用人群与空间环境是相辅相成且不可分离的，只有在充分了解广场空间主体的自身需求和对环境需求的基础上，才能有条不紊地进行城市广场空间的弹性设计。

二、广场行为活动分析

在当前的广场活动研究中，对各类公共活动的分析主要从活动本身的性质或活动人群的数量进行划分。前者是基于杨·盖尔在《交往与空间》中提出的将活动分为必要性活动、自发性活动和社会性活动，后者则可分为个体活动、小组活动与群体活动。但基于本文是针对城市广场空间弹性设计的研究，在广场活动的分析上应考虑影响空间弹性的因素与弹性设计的相关要素，因此我们根据活动发生的时间及活动本身的性质进行分类探讨，为下文弹性设计的策略提供基础。

（一）不同时间的活动

时间作为物质的共同属性，是一种客观的存在，在物质的运动过程中表现为持续性和不可逆性。其中时间的持续性是指物质在运动过程中表现的因果性和不间断性；物质运动可以重复，但不能回到过去，即时间具有不可逆性。在广场中进行的各类活动都会随着时间的变化而发生改变，不同活动类型的发生具有一定时间规律，我们可以将行为活动按发生的时间规律分为历时性活动与共时性活动。

1．历时性活动

广场的某一特定功能空间，如老人健身区、儿童游戏区、洽谈区、旅游观赏区等，在连续二十四小时内的行为活动，即为广场历时性。不同的功能分区具有不同的功能属性，不同功能的使用时段也是不同的，例如健身多在清晨与傍晚时段活跃，儿童游戏多在下午至傍晚时段发生，各类行为活动发生的时段都具有一定规律。同时，广场内的空间在某些时段产生行为活动，极具活力，但在某些低峰期时段人群稀少，不产生娱乐活动，在这两种不同的时段，人们对空间内的感受也是不同的，并随着时间不断发生变化。

位于美国的 Public Media 广场空间极具互动性、开放性，吸引了艺术、教育、媒体等多方面的群体在此活动。广场北侧设有电子大屏幕，可随时播放音乐、电影、广告等节目，西侧的整面墙体在举办活动时可用于投屏，其他空间分散布置有小型表演舞台、下沉式台阶座椅、本土植物景观等，新颖的设施与人性化的空间格局使广场更具有活力。白天的活动宣传与露天阶梯剧场、傍晚的表演活动以及夜间的演出组成了广场的历时性活动，使广场空间实现了全时段利用，凸显广场在时间弹性上利用的同时，也预示着未来广场空间设计必然的发展方向（如图 9-8 所示）。

图 9-8　美国 Public Media 广场的历时性活动

2．共时性活动

在某一时段内，广场不同类型的空间会同时产生多样的行为活动，即广场的共时性活动，可提高空间活跃度。基于人们的生活规律，人们在一天的不同时段相应进行工作，如进餐、休闲、娱乐等各类日常活动。城市广场空间希望被人们全面地、全时段地感知和使用。由于人们的活动随着时间而不断变化，对空间的感知也不断改变，因此在广场空间设计中需要考虑不同的时段、以不同的方式进行规划。

在诺华总部大楼周围的户外广场空间划分出论坛广场、庭院和沿 Fabrikstrasse 的街景等几个不同的区域，以满足使用者就餐、休息、散步等各类休闲活动，合理分布不同的功能区域，使整个广场全年都可开展各类活动，充分体现广场空间所要表达的精神。在园区的白天，通行的人群穿过论坛广场，午餐可选择在橡树林下，社交聚会则多发生在白桦林下，不同的活动在不同的功能空间有条不紊地进行，互不干扰，实现空间的最大化利用（如图9-9所示）。

图9-9　诺华总部户外空间的共时性活动

通过对广场活动历时性与共时性的分析，我们可以发现，虽然时间不能被创造，但是可以通过更为高效的、充分的利用，摆脱时间对活动发生、空间使用的束缚。例如，生活休闲类广场的使用高峰时段在傍晚，而白天则较为空旷，若在设计时，增加可在白天进行活动的相应设施，或能吸引市民进入停留的设施、景观、小品等，使广场在全时段充满活力，各类活动在时段上错峰进行，整个空间得到充分利用，实现时间与空间的有机结合。同时，通过广场空间的全时段利用，提高广场活力，解决城市用地紧张等问题，丰富城市公共空间的功能性与弹性，创造出一个具有文化感、生活气息、创造力的三维空间。

（二）不同空间的活动

通过对广场中行为的研究，得出相适应的环境特征，从而对广场的空间设计做出规划，这两者是相互影响的。除了按照行为发生的时间与地点将其分类外，还考虑到广场空间的活动设施，可按照活动形式及具体内容分为步行、小憩、观看、交谈、娱乐等活动所发生的五种空间类型。

1. 步行空间

广场中的步行主要为穿行通过与散步闲逛两种，通行属于必要性行为，将广场作为环境舒适的路过空间，一般使用者目的性强、发生时间短，在空间上多选择最快的到达路径，对广场的空间环境也无过多要求；而散步则为自发性行为，将广场作为体验生活的休闲空间，使用者多选择环型流线，停留的时间与空间环境品质成正比。散步的行为多具有时间与空间上的规律性：早晨与晚间多为中老年人在广场四周进行健身性质的快走，下午为青年人进行慢跑等运动，其他时间为父母带着孩子随意行走。步行对空间环境要求不高，但可通过空间的丰富程度吸引行人进入并使用，基于这一规律，可以通过空间不同的视觉体验感受对人群进行引导。例如，南通的线型公园设计中，简单的直线型与多个岔口的折线形成流线空间，会产生快速通过与散步闲逛的不同活动，这也为空间环境的弹性设计提供了参考（如图9-10所示）。

图9-10　南通生态绿轴的不同步行空间

2．小憩空间

小憩是广场上最常见的行为，也是主要的休息行为，在人群类型上的差别也不大。同时，小憩这一行为在满足人们基础的生理需求后引发人们对更多精神需求的渴望，从而产生观赏、交谈、下棋等社会性行为，在行为不断变化丰富的同时，场地类型也发生转变，而这一现象发生是在场地本身具有弹性且可转换的条件基础之上。根据边界效应，大多数人群会选择在视野开阔、可观察、可依靠的边缘地带休憩，所有活动也都是从边缘向中心扩展的。在一个广场中应设计富有多样性与变化性的空间，用于小憩的设施在设计时应多加思考，尽可能满足随人群类型与使用时间而变化的需求。

3．观看空间

"人看人"是满足人们对新奇刺激事物需求的一种方式，也是不同空间形成的最初原因。观看行为在广场上最为普遍，是一种随意性极强的自发性行为，当广场发生其他行为时，就会带来"人看人"的现象，此行为的群体人数也会不断扩大，在看的同时也会"被看"，从而导致空间内的活动更加多样与丰富，是一种良性循环。除了"看人"，"看景"也是人们选择放松的一种方式，当空间中设有水景、鸽群、艺术装置等具有观赏性设施存在时，就会发生观看的行为（如图9-11所示）。在此空间中，良好的环境和合理的规划是这一良性循环的前提，既要有熟悉的事物作为引导，又需要新奇的事物增加人们的兴趣，而不断适应变化的弹性空间则是满足观看行为发生的必要条件。

图9-11　芝加哥滨河步道的"看人"与"看景"

4．交谈空间

交谈是人们主动进行信息交流的主要方式之一，是一种社会性行为，也是广场中的主要活动之一。交谈的行为除了一部分是自发性的之外，大多是通过人群在广场中活动聚集而产生的，也是由于人们普遍渴望互动的心理需求而发生的。交谈行为对空间环境有选择，对空间设施也有很大依赖性。交谈通常是聚坐在小空间内进行，座椅的数量决定了交谈人群的数量。座椅的摆放影响了交谈的进行，当座椅并排摆放时，多为2～3人的小团体；当座椅绕作一圈排放时，则会聚集多人的群体交谈；当座椅曲线或成角布置，交谈的开始与结束则更加自然。广场内成组交流或单独对话的不同方式也分别需要宽敞或私密性较强的不同小空间。

5. 娱乐空间

各类娱乐活动是广场上最具活力与吸引力的行为，也是一种自发性行为，常见的有放风筝、喂鸽子、健身、广场舞、轮滑、戏水等，而产生这些行为的主要群体为儿童与中老年。娱乐空间普遍具有开阔的场地，部分活动依赖空间的设施，同时活动的发生具有时间规律，如健身多为早晨，儿童活动多为下午，广场舞多为傍晚。在城市广场空间的弹性设计中，可合理利用这一规律，使广场空间满足使用者的各类需求。

三、设计要素变化方式分析

空间作为物体运动的范围，是一种相对于时间客观存在的物质形式。广场空间作为娱乐休闲活动的载体，为各类活动提供物质和环境支持，可容纳各类空间不同的组合形成，也容纳了人们对广场的不同感知。广场内的空间由多种空间要素组成，受到使用人群、生活习惯、外部环境和功能需求等多种因素的影响，表现出不同的空间特征，不同类型的活动需要不同类型的空间来实现。

现有对广场空间的一些认识都是基于客观理性层面的，在广场的空间结构和空间组织的设计上遵循传统的、不可逆转的规律，会忽略使用主体所带来的影响。而相对于静态的广场空间，广场使用主体是动态的、变化的。在传统设计中，不同空间的关系和形式都是明确的、固定的，而弹性设计所追求的是灵活的、变化的。随着时代的发展和空间设计研究的不断深入，设计理念从单一性向多元化转变，但空间结构与空间秩序的确定性并不违背这一理念，可以与弹性设计相辅相成。

城市广场空间的构成要素在不同类型的广场内可组成不同的空间形式与空间功能。在城市广场弹性的空间内，构成要素主要包括地形、铺装、植物、设施和构筑物等。在空间中通过各要素的弹性设计，改变要素的形状、尺寸、位置的变化，形成不同的空间形式，以空间形式的弹性设计实现功能的弹性，为使用者带来不同的视觉与心理感受，提高空间的利用率。

(一) 设计要素的位置移动

移动是空间弹性设计要素中最为普遍的设计形式，可分为平移和升降，而最常用的为平移。在广场内的不同场地条件下，通过距离变化、领域分隔、视线导向和路径改变等方式改变设计要素的位置，调整空间的形态、大小、使用功能，而不改变要素的形态以及功能场地的围合情况，满足空间的弹性设计。

在设计要素的位置改变中，设施的移动最为便捷与普遍。在广场空间设计中，结合每个广场的实际情况，充分利用空间的层次和变化，改变部分或整体设施在空间中的位置，寻求一种空间、形态的变化，以适应多样化的活动与功能，提高空间的利用率。设施的位置改变可通过简单的搬移或借助滑轮的滑动完成模块化的移动，以实现人群对空间场地的自由使用、空间类型与功能的改变以及场地内临时性活动的实现。

除了广场内的设施可进行位置移动与改变，铺装同样可通过移动实现空间的弹性设计。铺装作为铺地要素中的硬质结构，在使用与组织、完善与限制空间感受、满足其他的实用与美学功能上都起到重要作用。铺装最基本的功能是为市民的户外活动提供场所，同时以其较大的包容性适应市民多种多样的活动需要。对于广场的弹性设计，铺装以更新的形式实现对游览导向、游览速度与节奏、空间比例的影响，以适应社会与人的需求变化。

（二）设计要素的机械变形

设计要素的变化除了最简单的位置移动外，还有形体上的变化，即设计要素自身简单的机械变形。设计要素常以单体结构的旋转、折叠、伸缩等方式进行变形，既体现了要素动态可变的特性，也体现了弹性空间的灵活性、适应性。

设施作为广场中最为重要的构成要素，一般具有坚硬性、稳定性和相对长久性。在弹性设计中，广场设施相比其他设计要素要更加灵活、可变化，也具有更多可能性，从而实现空间的调整、适应与转换。基于设施的物理属性及现代技术的进步与新材料的研发，可通过设施的弹性设计改变其结构、形态、色彩等，满足人们的行为活动对设施需求的不断变化。

（三）设计要素的拆卸与组合

除了机械性的变化，设计要素同样可拆卸、可循环利用。随着使用人群的增加、活动种类的多样，广场对设计要素所能满足的功能也有所增加。为应对此类变化，设计要素通过拆卸与组合，在不同时间进行变化，以满足不同数量群体的使用人群。

在广场内的大型构筑物也多有体现。为满足广场内特殊时段的活动需求，常设置大型装置设施以提供相应的活动场所，在不需要时可拆卸，以缩小装置的占地面积，为广场腾出更多活动场地。广场的大型构筑物除了有在拆卸组合前后产生不同使用功能的永久性构筑物，还有在特殊节日活动时组合、不需要时拆卸收纳的临时性构筑物，是可进行循环利用的可持续设计。

马德里的 Jardines del Arquitecto Ribera 公共广场内，开放式教室在活动需要时可作为活动宣传点，在日常可进行分解，形成分别满足市民活动、娱乐、交谈、休憩的四处独立场所，露天舞台也可以在活动结束后分解为相对独立的两处活动空间。除了可组合的构筑物，在一些商业性质的广场内，可拆卸的构筑物可满足临时空间的需求。波兹南的 Wolności 广场迎接 Malta 节时，利用可拆卸构筑物将开阔空间切分为数个功能各异的小区域，并结合各式各样的城市家具进一步建造出儿童游玩区、临时咖啡厅、临时餐厅、音乐剧院舞台与小工坊等不同区域供节日使用，节日结束后仍可恢复广场开阔的活动空间。

（四）设计要素与机械工程的结合

除了简单的机械变化，对于一些功能需求变化较大的空间需要较复杂的技术。例如机械工程运用于广场空间的设计中。机械工程最早广泛应用于机械、建筑领域，现如今常应用于汽车、飞机、建筑及工业机器等层面上。随着社会的发展，也逐渐应用于环境景观中，可与水景喷泉、景观材料等结合起来，但相对还不太成熟。世界第一座以风能驱动的旋转式建筑是建筑师伽特泽设计的风力旋转的公寓，可通过特殊的设备将风能转化为电能进行储存备用（如图 9-12 所示）。在景观设计中，机械工程为其要素的弹性设计提供了理论与技术的支持。在理论上，以人体工程学、社会行为学等为基础，以人群的功能需求为目的，分析人的行为和活动；在技术上，通过交叉学科的理论、技术介入，为景观在弹性设计中提供新的角度，结合当下的最新科技，使景观能满足变化的需求，以实现空间的弹性变化。

图 9-12　利用机械工程的风力旋转公寓

随着城市市民需求的增加，机械工程在广场空间的景观设计中逐渐增多。在广场设计要素中，铺装为各类行为活动提供场所，需要具备多功能的包容性，以适应不同的活动需求。铺装可体现不同空间的区分，结合了机械工程的铺装，可通过水平或垂直的变化改变对场地的调整。

同时在一些开阔广场内，为满足大型节日表演的需求，可通过在中心空间的平台铺装部位下方安装升降装置，在日常使用平台时与周边保持水平，在有特殊需求时，通过机械控制使平台抬高或下降作为表演活动的舞台或活动空间，形成较为集中的功能场地，为广场增添活力、增加功能活动。

（五）其他新型科技手段

随着全球化的发展，城市公共空间作为技术、艺术存在和发展的社会物质形式，在设计中表现为新技术应用所带来的创新设计，包括新的技术理念、结构创新、材料更新等观念的融入，为设计要素的可变性、城市空间的弹性设计都提供了更多可行性。先进技术在设计领域的运用使人与自然环境相融合，形成动态的、适应性的和谐景象。当代中国的城市空间设计正处于艺术与科技相互碰撞的尝试阶段，艺术与科技的共同进步也可为城市广场空间的弹性设计提供指导方向，将技术的发展与人的需求、社会生活的需求相统一，从而拥有一种积极发展的世界观与价值观。

1. 新材料的运用

设计的创新常与新材料的运用相结合，在公共空间中使用塑料、金属、玻璃陶瓷、玻璃纤维、记忆金属等新型材料，为设计带来了新的创意与途径。同时，新材料不仅体现在技术的功能上，也在心理学领域发挥作用，以满足弹性设计中的人性化理念。如把透光混凝土运用在背景墙上时，距离较近的物体可以显示出阴影，光线也可透至另一面，使景墙更显轻盈与通透，从而改变人在空间中的视觉感受，并可通过控制光线的透射程度及色彩而创造不同的视觉效果。

2. 信息智能化技术

智能化设计具有一定"意识"，利用设计要素的外形、颜色与尺寸，形成空间智能化的自动控制系统，实现人与自然环境的信息交流。在设计过程中，利用动态可变的设计要素，以人的行为与感知为出发点，使人参与到空间设计与景观的感知中，实现人与环境、设施的互动，这与弹性设计中以人为本的思想相吻合。为实现使用者与空间设施的交流，可采用智能语音识别、移动云端输入、虚拟现实等技术，并结合设计要素，便捷地获得场地的环境、使用状况等信息，以便更好地利用空间开展自发性活动。通过对灯光照明的灵活控制，可根据空间内活动情况的变化而改变不同场所的照明情况，既可对市民活动进行场地引导，也可调整空间不同时段的使用频率，从而提高广场使用率、增强广场活力。

3. 参数化设计

参数化设计最初运用于工业生产中，随着社会的高速发展，也逐步运用于建筑设计与景观设计等领域。参数化设计相较传统设计更加高效，通过对参数产量的控制与改变，使设计的结果相应发生变化。在空间的弹性设计中，参数化设计可利用精准的技术手段，准确把握当下环境现状、预估未来发展状况，从而设计出更具有适应性、发展性的空间景观。在江西省万安县的室外小剧场的设计中，为满足场地多功能、复合的需求，从可能发生的不同活动的角度策划出发，在设计和施工中运用参数化，并配合灯光设计，使室外小剧场可自发形成多种功能，进行会演、展览、观影、游戏、餐饮等活动，展现出更轻便、更现代的设计方法。除上述的技术手段外，当今可利用的新型技术仍有很多，如3D打印技术、有机体结构、多媒体技术、机械能量控制等，共同设计出灵活多样的广场空间，创造出具备持久活力的城市广场弹性空间。

第三节　城市广场空间弹性设计的原则与方法

一、弹性视角下广场的分类及主要功能

目前最常用的分类方式是按照广场的性质分类，即根据广场最初的规划设计定位，把广场的单一功能进行分类。但对于目前的城市发展而言，随着规划的不断更新，广场周边的业态、广场内的使用人群以及所发生的活动都随之改变。在一年内不同季节、一天内不同时段，市民的主要活动也在不断变化，简单、固定且单一的性质定位已不能满足市民对空间的功能需求。

广场需要随着人们变化的需求而提供动态、可适应的功能空间。广场的主要功能由依据其所处地段的周边环境与周边业态来决定，不同的使用人群会提出不同的功能需求。在本文的城市广场空间弹性设计研究中，广场的类型主要依据广场的周边环境与广场的主要功能来划分，设计出相应的功能空间以适应市民的行为活动，主要可分为居住区附近的生活性广场、旅游景区附近的旅游性广场、购物中心附近的商业性广场和办公写字楼附近的商务性广场四大类。

（一）生活性广场

自20世纪中叶以来，在欧美的许多城市中，各种形态、面积的居住区广场穿插在各

住宅区间，不断吸引着居民的参与，同时鼓励市民在户外进行各类活动。20 世纪 80 年代，随着居住区的大规模建设，我国居住区地段中的城市公共空间满足了居民交往和活动的需要。在各类居民中，老人和儿童对居住区外的公共空间使用的时间最长，此类室外活动空间的环境有着特定的功能性，在完善住区功能、塑造城市形象、改善住宅小区公共空间等方面更是起到了重要作用。无论是居住区广场，还是社区广场，均可统称为生活性广场，即四周均为居民住宅小区的城市公共空间。在西安城内，众多人口遍布在不同的居住区内，生活性广场的数量也最多。如长安区的樱花广场四周被西安雅居乐花园、融发心园、西钞沁园、挚信樱花园等居住区包围，主要使用人群即为各小区居民，日常活动也多为生活娱乐休闲性活动。

生活性广场作为城市公共空间的一个有机组成，具有较明显的特点，它是居住区内居民的凝聚地与承载点。在城市公共空间的设计中应认识到，生活性广场对居住区居民的健康、生活、交往等方面起着重要作用，既承载着居民的休闲娱乐活动，又传播着社区文化，以此增进社会交往，避免人情淡漠，提高居民意识，促进城市居住区的可持续发展，这就要求生活性广场空间应具有较强的可达性和交流性。

不同年龄、性别、生活习惯、文化程度、社会地位、身体状况的人在广场中所表现出的行为特征也是不同的，其中居民的年龄差异对活动特征的影响尤为明显，认真研究不同人群的行为特征有助于创造弹性的广场空间。生活性广场多服务周边居住小区内的老人与儿童，主要活动也极具规律与特征。老年人具有足够的时间与体力在户外进行活动，多进行健身锻炼、喝茶聊天、打牌下棋、吹拉弹唱等习惯性活动；学龄前的儿童多在长辈的陪同下进行简单的学步、观看、沙坑游戏、与周边环境互动等活动；青少年的活动更具有活力，多依赖娱乐设施，也进行骑车、奔跑等活动；成年人由于具有一定的生活压力与社交欲，多产生交谈、散步、照顾儿童等行为。根据行为活动的分析，生活性广场的主要功能显而易见。

1. 运动健身功能

生活性广场周边居民区分布众多，中老年人作为空闲时间充沛的群体，在广场内的使用频率最高。基于身体条件与心理需求，其对身体健康最为关注，对于锻炼健身功能的需求也最大，其生活规律决定了中老年人在清晨与傍晚的需求最多，同时傍晚时段也有部分成年人参与健身锻炼，以缓解工作压力与身体的疲惫。运动健身功能需要平坦、开阔的硬质场地，为晨练、太极、器械锻炼、广场舞等运动健身活动分别提供小场地。各功能场地的规模应合理控制，不宜太大，以便于居民之间亲切交谈、自由交往。场地设施上可设置不同年龄段相应需要的器械，包括跑步机、双杠、蹬力器等，周边设置休憩设施，与场地的尺寸、规模相匹配。在植物设计上应选择遮阴树木，在照明上还应考虑可视性与安全性。

2. 休闲娱乐功能

生活性广场的使用主体类型最为丰富，行为活动也最为多样，同时生活性广场是居民之间结识、交流的最佳场所，其休闲娱乐功能也不可忽视。对老年人而言，心理上更倾向人数多、活力高的行为活动，除了健身锻炼，更多时间依靠乘凉看报、下棋、社交、弹奏演唱、晒太阳等群体性活动消除孤单感。对成年人而言，主要进行社交和观看娱乐活动进行放松，或是对孩子的陪伴与照顾（如图 9-13 所示）。休闲娱乐功能决定了空间既要有开阔的硬质场地，又需要有一定的休闲设施，规模多按每千人 200—300m² 设置，同时可设廊架、景亭等构筑物提供庇护。娱乐活动功能需要更高亮度的照明，从而突出娱乐活动发生处，提供视觉焦点。

图 9-13　生活性广场的娱乐活动功能

3. 儿童游戏功能

由于儿童求知欲强、自我安全保护意识低、无法单独出行等特点，因此距离居住区最近、使用人群较稳定的生活性广场是儿童使用的最主要广场类型。生活性广场也应将儿童游戏功能作为主要功能考虑，在兼顾安全、趣味、益智的前提下，提供学步、晒太阳、奔跑追逐、简单器械游戏等活动的功能场地。该功能常需要每人 $0.5—1m^2$ 的活动区域，地形可增加趣味性，应以软质橡胶、可践踏草坪、沙地等作为面层，搭配秋千、滑梯、攀登架、滑板场、游戏墙、沙坑、戏水池等游戏设施构筑。学龄前幼童多在白天进行活动，而较大年龄的儿童多出现在下午放学后，儿童游戏功能在设计中应考虑不同儿童活动类型的变化。

4．观赏交往功能

无论是城市中的市民，还是生活区的居民，随着人们生活质量的提高，对自然环境、城市绿地也更加向往。在生活性广场中，成年居民常在下班后进行观赏放松、绿道内散步、草坪上休息、树荫下静坐聊天等活动，由此可见，观赏交往功能也不可或缺。观赏交往功能需要丰富的基底地形，面层为可践踏开放草坪或完全的土地和植被等软质面层，供野餐、儿童嬉戏、宠物奔跑等，并设曲折的步道贯穿其中，以满足人们通行和游览。

（二）旅游性广场

作为华夏文明的发源地，西安具有数千年的悠久历史，作为中国七大古都之一，历史上曾有十三个大小王朝在此建都，历史文化沉积厚重，兵马俑、华清池、大雁塔、古城墙等历史遗存无不向世人昭示着西安作为历史城区的独特魅力。西安作为重要的旅游城市，依托得天独厚的旅游资源，旅游业逐步壮大，景区的游客逐年增多，旅游性广场的修建也越来越受到关注。旅游区常聚集大量旅游人群，需要大面积开阔的集散空间供游人观赏、等候、休憩等。旅游性广场常处于景区入口前或观赏景点前的开阔公共活动区域，为前来旅游观赏、放松休闲的外地游客与本地市民提供活动场所。西安的贞观文化广场是大唐不夜城的核心部分，位于景观步行街南段，由西安大剧院、西安音乐厅、西安美术馆、曲江太平洋影城四座文化艺术建筑和李世民的雕塑群共同组成。整个贞观广场北侧为大雁塔景区、东侧为大唐芙蓉园、西南侧有西安植物园，距西安有名的各景区较近，是典型的旅游性广场。

旅游性广场是以旅游文化内涵为标志的大型场地，其交通便利、场地开阔，在城市景区为市民与游客提供公共活动空间，以满足观光游览、传播城市文化的需求。旅游性广场特有的吸引力在于景区独特的文化魅力、优异的区位优势以及强大的景区环境辐射力。假如提起西安，人们自然会想到古都文化，这种文化在广场中充分体现，可形成独特的空间吸引力，使游客通过观赏、感知与体验受到历史熏陶。旅游性广场不仅会吸引游客的青睐，成为一张独特的城市名片，也会吸引附近的当地居民到此活动，旅游性广场是城市发展强有力的助推器。

旅游性广场相对于其他类型广场而言具有极大的人流量，包括外地观赏游玩的游客与前来休闲散步的本地市民，在广场内进行的活动目的性较强。旅游性广场多远离学校、居住区、写字楼等区域，自发性活动较为丰富，多为景区拍照、观赏、游览、进食、乘凉、散步、休憩等，通常人群数量较多，进行时间较长，同时活动具有时段性与季节性，对场地开放性、敞开度要求较高，且广场内多进行群体性活动，交谈、休闲娱乐等社交性活动也常发生，既可促进前来观赏、休闲的中青年人之间的感情，也为广场增添了活力。

1. 观赏游览功能

旅游性广场需要展示整个风景旅游区及所在城市的形象，往往具有当地的传统文化特色，整体设计与设施布置应具有多样性。旅游性广场的使用主体主要为游客，具有典型性，广场内的最主要功能为观赏游览，常发生参观、留影、游览等活动。由于旅游时节具有一定规律，因此广场常在固定时段聚集大量游览人群。除游客外，在傍晚等时段还会有大量本地市民进入广场内休闲散步游览。基于此，旅游性广场应在观赏景点处设置面积开阔的硬质场地，以满足需求量较大的观赏游览，延续历史文脉、空间人性化、尺度宜人且美观舒适的功能。

2. 集散表演功能

旅游性广场的最大特色即为在旅游时段会聚集大量的游客与车辆，如若遇到特殊节假日，广场还会举办表演等活动，人群剧增，警卫、管理人员等也会进入其中协调人流疏散、分散交通，由此可见，旅游性广场的集散表演功能不容忽视。集散表演空间多位于广场入口附近，面向地铁、公交站点等交通要道，可将聚集的大量人群及时疏导离散，同时在开阔位置留有供艺人临时表演、宣传展示的室外舞台空间，以吸引广场的游客和市民前往观看。

3. 休憩餐饮功能

对于观赏游览的游客而言，大量的体力消耗会使人们产生小坐、休息、餐饮等需求。同时由于旅游性广场位于景区附近，多具有优美的景观，越来越多的市民选择携带家人或朋友前来，在游览之余可进行室外餐饮，休憩餐饮功能也是为广场增添活力的一大因素。此类广场使人们远离城市的喧嚣和封闭的工作空间，为前来参观旅游的人群提供一个放松心情、玩耍嬉戏、娱乐游憩的休闲空间。为使广场能更好地贴近自然，往往设桌椅、树池花池、喷泉叠水等，营造广场的趣味性。此类型的广场作为人们进入风景区的开端和序幕，既要展示风景旅游区独有的特征、文化，也要具有足够的休闲性。

（三）商业性广场

自20世纪80年代起，我国城市内逐渐兴起商业综合体的建筑类型，随着城市建设的快速更新发展与市场需求的推动，西安的经济在飞速发展，市民的收入不断增加，大众消费的时代已经到来。在商业行为复合化的时代，商业行为趋于多元化，购买不再是人们的唯一目的，他们更希望在此过程中享受生活情趣、释放压力。因此娱乐、消遣、游憩相结合的休闲式购物受到推崇。在西安大型的购物中心前、步行街中常设置有一定面积的开放区域，满足市民和顾客游玩放松购物的需求，称之为商业性广场。商业性广场作为商业区的精华所在，最能体现具有特色的城市公共生活模式。

随着都市化的迅速扩张，商业性广场也由简单的商品售卖变得更加多样化、个性化、趣味化。商业性广场受周边购物中心、商业街等环境的影响较大，易彰显出城市自身细腻的文化特色，因此产生了文化交流、社会交往等新的行为活动，使空间活动更丰富，广场氛围更热闹。

商业性广场和一般广场的主要差异在于，使用者更加年轻化，具有较好的生活质量与稳定的生活方式，多为前来购物消费、朋友聚会的成年人。商业性广场内的主要活动较为随意、目的性不强，如聚会、社交、娱乐放松、等候汇合、休闲散步、餐饮休憩等，在节假日，商家还会举行特殊活动进行宣传，以吸引市民观赏与参与，使自身更具活力。

1. 宣传表演功能

对商业性广场而言，最初的作用是为商家提供日常宣传与节日表演的场地，促进消费的同时吸引更多市民，具有增添节日氛围的作用，宣传表演为广场最主要的功能。在情人节、圣诞节等特殊节日时期，广场常设置节日装饰或小型展演，日常也会根据商家需求摆放展台等进行活动宣传。同时在工作日的傍晚，广场内会聚集附近市民进行广场舞等休闲活动（如图9-14所示）。基于商业宣传或节日活动持续时间较短的考虑，宣传表演功能具有较强的临时性，且不具有普遍性，活动各具特色，只需提供较为开敞的空间，以达到最佳宣传效果，同时不阻碍来往通行的市民，既可吸引市民围观参与，又提高了商业性广场的活力。

图9-14　商业性广场内的宣传表演功能

2. 社交休憩功能

商业性广场周边所存在的商业区是为市民提供购物、餐饮、娱乐聚会的休闲社交场所，多为三五成群的好友共同参与，具有较多人群来往，尤其在节假日时期，人群停留时间较长，活动类型也更为多样。位于商业区内的广场是满足消费者室外活动的空间，可进行朋友汇集、家人聚餐等候、购物中休憩小坐、室外透气放松、离开前的交谈等待等，此类群体性活动均需要社交休憩功能（如图9-15所示）。此功能需在广场设置开放性的休憩交谈空间，既有小面积观赏性树木花池缓解室内高强度照明带来的视觉疲劳，又提供闲坐、放置杂物、简单进食的服务设施，以恢复长时间购物步行的体力消耗，也为同伴汇合、街区穿越通行、等候车辆提供开放区域。商业性广场在设计风格上保持年轻化、创新性、品质感，满足消费者较高的品质要求。

图9-15 商业性广场内的社交休憩功能

（四）商务性广场

随着我国城市的结构产生剧烈演变，以商务办公、金融和服务为主要职能的商务区逐渐形成并剧增。随着高层、超高层办公建筑或建筑群遍布城市各处，成为规模不一的城市"节点"时，人类对场所感、自身的归属感和认同感、社区的参与意识及人本尺度的需求逐渐增强。为了缓解在快节奏工作环境下上班族的内心压力，办公建筑迫切需要一个能让人们互相交流信息、沟通情感的公共空间，因此形成了商务性广场，以缓解长期办公所带来的各种职业病。

青年人作为城市发展的主力军，其生理、心理的健康应更加受到关注。在写字楼区域内应运而生的商务性广场在为青年人提供公共活动场所的同时，也可促使上班族多进行户外活动，缓解由于长期工作而带来的健康问题。无论从生理上，还是心理上，上班族群体对室外公共活动空间的需求越来越强，商务性广场正好提供了这一场所。工作和休闲是相互矛盾的，也是相辅相成、互为前提的，在工作闲暇之余给予人们更多的休憩、交流空间，这是商务性广场的最大特点，可达性较好、人性化较高的商务性广场极具吸引力。

商务性广场的使用人群类型比较单一，进行的主要活动也与一般的休闲广场略有差异。商务性广场的使用无论在一年当中还是一天之内都具有极强的规律性，主要依附上班族的日常生活。如早中晚的上下班通行时人流量最大，此外还包括室外就餐、等候聚会、商务交谈与散步放松等其他娱乐活动（如图9-16所示）。商务性广场的人群类型较为特殊，对空间环境的要求也相应较高。

图9-16　商务性广场内特有的穿行、休憩等候、餐饮、会谈等活动

1. 交通穿越功能

位于写字楼间或科技园区的商务性广场，使用人群类型较单一，多为在广场附近工作的上班族，对广场的使用极具规律，且在室外活动的时间较短。对商务性广场而言，最主要的功能为人流与车流的交通穿越功能，供大量人群从广场通行进入办公楼内。此功能的使用时段明晰，为工作日内8点、12点、14点和18点前后半小时的四个时段，在固定时段会骤然进入大量人群与车辆。因此功能空间的设计应具有开敞的场地，且有直达办公楼的多条路径供人们选择，同时两侧可利用植物打造舒适景观以吸引通行者在广场停留，并对人车进行合理分流，从而提高安全性。

2. 停车功能

观察西安多处商务性广场可以发现，有不少设计欠佳的商务性广场已完全沦为停车场，严重影响人群的通行，由此可见，停车功能在商务性广场中是不可或缺的。广场的停车功能具有规律性，在工作时段为使用高峰期。因此在停车功能的设计中，不但应合理利用地上、地下空间，还应考虑在非使用时段此空间也适宜人群活动，减少空间浪费，满足弹性需求的功能。

3．餐饮会谈功能

随着"健康中国"引导下对室外活动的提倡，上班族对室外空间需求增加。人们对商务性广场逐渐有了餐饮会谈需求，主要集中在工作日的中午用餐、休息时段，与下午的工作时段，这是由上班族在广场内使用午餐、短暂休憩、放松舒缓心情及半商务会谈等活动逐渐增加所带来的（如图9-17所示）。在新型、弹性的商务性广场中，基于人性化的考虑，广场应设置一定的服务设施供午间的室外餐饮与休憩，同时利用植物、水景等打造多处具有一定私密性的小尺度空间，既提供一定面积的绿化区域，又可用于简单的商务洽谈、小型工作会议等，适应办公空间逐步向室外延展的新型办公方式。同时在傍晚非使用高峰时段可设置良好的照明与趣味性活动设施，以吸引市民使用广场，提高空间的利用率。

图9-17　商务性广场内的餐饮会谈功能

二、广场空间类型

（一）生活性广场的空间类型

生活性广场与其他类型的城市广场最大的区别在于其与日常生活紧密联系。广场在服务人数上具有预判性，一个生活区的人口规模在1500—2500户，一个生活性广场通常服务于5个左右的生活区，因此在最初广场规模的设定上较准确，有具体的数据进行参考。此类广场具有生活性的特征，主要服务社区内的老人、儿童，由于其生活具有一定规律性，因此可对广场内的活动进行设计规划。区别于其他城市广场集散、交通、商业等功能，生活性广场主要考虑与居住生活相关的功能，为日常的休闲娱乐提供服务。在生活性广场的设计中，场地主要包括硬质的活动空间与软质的绿化空间。对于空间弹性设计的研究，应将硬质空间作为主要研究对象，其中包括中大型开敞空间、中小型半开敞空间、小型封闭空间，通过空间自身调整满足不断变化的功能需求。

1. 中大型开敞空间

在生活性广场中，中大型开敞空间是整个广场空间的视觉聚焦点，也是人群最为聚集的空间，活动也最为丰富，具备的功能种类也最多，包括共享娱乐、观赏交往、儿童游戏以及运动健身等，可同时开展青年散步、儿童自由玩耍、老年舞蹈健身、休憩交谈、穿越通行、商业贩卖等多种活动，空间也随着功能的改变而做动态调整。

此类功能对空间的要求具有一定共性，广场中心的开放空间整体开阔平整，以保证行动上与视觉上的通畅，铺装多以坚固、耐磨、防滑的材质为主，在色彩与图案上具有一定导向性。空间中心多设置水景、雕塑等用以观赏，设施上尽量简洁轻便、可移动变形，数量上不必过多。例如，澳大利亚的丹德农市民广场，广场的中心空间宽敞无遮蔽，可满足人们不同的日常使用和活动举办的需求，花岗岩路面则可实现可持续发展。

2. 中小型半开敞空间

除完全敞开的中大型空间外，广场还具有中小型半开敞空间。此类空间的面积为中小型，多为半开敞围合，呈半开放状态，主要用于特定的群体活动，如器械锻炼、舞蹈健身、儿童设施游戏、棋牌弹唱等，可满足共享娱乐、运动健身、儿童游戏等功能。空间可根据活动类型和人数的变化，改变空间内的设施与围合，以满足不同的功能需求。

中小型半开敞空间由多个小的功能空间自由组成，围绕在中大型开敞空间四周，不同类型的功能空间由设施或植物做间隔，形成半围合半敞开状态，可随需求变化而相应移动变形，调整空间分隔。空间基面采用硬质铺装，在色彩与图案上具有特色，同时具有一定的可变化性、动态性。空间植物的搭配在夏日可提供树荫，也可在冬日不遮挡阳光。丹德农市民广场中，主广场被十个不同尺度的功能空间所围合，分别进行多种多样的日常活动与节假日特色活动，多种拼接铺砖、青石板及现浇混凝土铺装，木制的长椅共同形成具有特色的广场空间。

3. 小型封闭空间

在每一个生活性广场中都应具备多个小面积的封闭空间，满足居民观赏交往等功能需求，以进行休憩交谈、私密约会、学习餐饮等活动。空间的布置应满足以上不同功能的相互转换，常在广场边角处自由分布。

小型封闭空间的分布一般较灵活，5—10m² 即可容纳 5 人左右进行私密活动，只要有围合或遮蔽作用的植物1—3组设施即可。也可以树阵的形式存在，提供多处私密空间。该空间基面的铺装形式与材质选择较灵活，只要能保证设施与围合植物便捷移动即可。空间内设施以桌椅为主，植物以高度在人的视线之上、可形成视线遮挡为宜，每处空间均设有灯光照明。在丹德农市民广场内，以高大的松树做遮蔽围合，夏天时会支起红色大型雨伞为人们带来阴凉，同时结合多种可持续设计满足了人们的社交需求。

（二）旅游性广场的空间类型

从旅游性角度而言，此类广场的最大特点就是除了有本地市民外，更多的为外地游客。在广场功能上，针对市民应满足休憩娱乐类功能，而针对游客则应提供旅游观景功能。旅游性广场受地理位置、用地规模、主题、文化内涵、地方特色等影响较大，一般用地规模较大、交通较为便利，常设计有大片的绿地与铺地，搭配灯光、水景、雕塑等景观，体现广场、景区、城市的文化特色。广场内公共设施配备齐全，周边配套有商店、纪念品摊位、饭店等来获取一定经济效益，设计上则兼顾艺术性与实用性。旅游性广场一般远离居民区，在一定程度上代表着城市的形象，因此广场的视觉景观与功能设置尤为重要。旅游性广场的空间利用随旅游季节而变化较明显，主要分为大型开敞空间与中小型半开敞空间，分别满足旅游性质的观赏集散功能与休闲性质的休憩餐饮功能。

1. 大型开敞空间

旅游性广场中最主要的空间为大型开敞空间。游客与市民前往广场多具有目的性，而大型开敞空间即为人群的主要目的地，常具有观赏游览、集散表演等功能。空间中进行的活动类型较相似，主要为围绕游览展开的观赏拍摄、活动表演、通行散步、游客集散等动态行为活动，空间也根据旅游淡季与旺季的交替而做出相应调整。

大型开敞空间主要为开阔平整的硬质场地，可容纳大量的人流涌入，场地中心多以喷泉、雕塑等作为视觉焦点，在凸显景点特色的同时，也是广场的标志，吸引前来游览的人群驻足观赏，空间内的灯光、铺地、雕塑、植物等均以实用为主。比利时的菲尔福尔德广场是当地游客观光的第一站，大型敞开的中心活动空间内设有喷泉娱乐设施，可为举办大型活动提供场地，地面铺设大型天然石材，周边历史建筑与历史文物都设有照明系统，营造出一种静谧的氛围，也使空间显得更加宽敞明亮。

2. 中小型半开敞空间

旅游性广场的大型开敞空间多为游人观赏，而分布在邻近位置的其他中小型空闲空间主要为游人提供休憩餐饮等配套功能，多呈现为半敞开状态。在此空间中，游人可进行休息闲坐、室外餐饮、商品贩卖、围观交谈等休闲活动，空间内分布相应的设施以满足不同类型的活动。

在中小型半开敞空间内，不同的小区域分布不同类型的服务设施，以形成各类功能小空间，其主要包括各类座椅、桌子、售卖亭、储物柜等，且此类设施可移动变形，在不同时段，人们可根据自身需求进行移动调整。同时植物在此空间运用较多，无论是绿化区、树池、花池、花箱等，都具有遮风避阳、优化视线等功能，相应的灯光设施使游人在傍晚也可放心休憩。菲尔福尔德广场主广场的东侧铺设浅色天然石材，通过铺装微妙地区分了两个空间，周围还设有长椅、树木、凉亭供人们落座休息，还利用场地的高差设置阶梯平台，高差的优势使得大型树木能够为广场带来阴凉（如图 9-18 所示）

图 9-18　菲尔福尔德广场的中小型半开敞空间

（三）商业性广场的空间类型

商业性广场应满足品牌宣传推广、人群集散、休闲娱乐及休憩交流等功能，通过设计充分发挥其商业性、趣味性及文化性的作用，环境景观上也应满足市民对环境舒适性、交通便捷性的追求。在营造多样化的商业广场空间时，应充分考虑不同年龄、不同性别消费者的功能需求，通过中大型开敞空间、中小型半开敞空间两种类型，提供商业活动场地与休闲娱乐活动场地，为实现多样化、自由且愉悦的活动场所提供可能。

1. 中大型开敞空间

商业性广场的中大型开敞空间服务商家与消费者，为人群的主要流动空间，主要具备宣传表演功能，常用于满足人流通行、集散、商家商业宣传售卖及特殊节日表演等，也具有室外观影、小型音乐会等新型活动。随着节日的变化，空间的主要活动也发生改变，多通过调整设施布置等以满足人们变化的需求。

宣传表演功能最基础的要求为空间开敞且平坦，举办活动时，广场可搭设临时设施，便于设施搬移，同时铺装具有一定艺术性，以吸引消费者。在非节日时期，广场内少设或不设广场设施，以满足消费者的通行。开敞空间对植物要求较少，避免对附近的商家造成遮挡。商业性广场一般在 18～22 时为使用高峰期，对路灯、地灯等照明设施具有较高需求。郑州的万科城中央广场内，中型开敞空间的铺装以折线形及鲜明的色彩吸引消费者，平坦开阔的空间为各类商业活动提供场地。

2. 中小型半开敞空间

商业性广场除了具备商业性外，也具有休闲性，可为市民提供休闲娱乐场地，满足社交休憩需求。广场的中小型半开敞空间由多种类型的小空间组成，既服务消费者，也服务普通市民，可进行等待休憩、室外餐饮等活动，为儿童娱乐、老人散步交谈、青年约会等提供休闲活动场所。

此类休闲活动多依赖不同的广场设施，如景观小品、树池座椅、遮阳伞、餐饮桌椅等，且具有相对的灵活性。铺装具有趣味性与艺术性，可运用多种铺装样式丰富空间。空间植物上具有视觉观赏、绿化空间、遮阳、形成围合等作用，照明上利用新颖的造型与多媒体控制来增强趣味性。中央广场内的旱喷广场、轮滑广场、儿童下沉活动广场、观赏休憩区等使各个年龄段的儿童具有多样化的、适宜的、独立的主题活动空间，家长们也有交流和互动的场所。地灯组成的星光大道则把这些主题空间一个一个串联起来。

（四）商务性广场的空间类型

随着经济的发展，大多数青年人的生活被工作所占据，办公环境越来越受到人们的重视。除了基本的室内封闭工作空间，办公环境也逐渐与室外公共环境接壤，从而形成商务性广场。商务性广场常附属于办公楼区、工业园区、产业园等建筑，使用人群较统一，为上班族在办公之余提供可放松的室外休闲场地。商务性广场在功能上主要对应上班族的需求，包括交通穿行、停车、餐饮会谈、户外办公等，其中户外办公的功能在近几年颇受欢迎。在广场空间上可分为中大型开敞空间、中小型半开敞空间与小型封闭空间。

1. 中大型开敞空间

商务性广场的中大型开敞空间承担了广场最主要的功能，即交通穿行与停车功能，在早晚高峰时段，大量的人群、车辆涌入广场内，开敞的空间提供了通行、停留的空间。

无论是交通穿行，还是停车功能，最基本的便是空间的敞开与平坦，保证在高峰时段可容纳大量人群，在非高峰时段也可供市民自由活动。地面的铺装应具有较强引导性，不但引导人与车辆通行，也将人流与车流、机动车与非机动车分流引导，同时防滑、透水材质的铺装保证了通行的高效与安全。在空间中心视觉焦点处可设置景观小品、水景等，使上班族可以在通行时观赏自然景观。例如，乌克兰创新园区的 UNIT. City 广场，两处大型开敞空间承担人行与车行的功能，开阔平坦的空间、引导性的铺装极具特色（如图 9-19所示）。

图 9-19　乌克兰 UNIT. City 广场的大型开敞空间

2. 中小型半开敞空间

中小型半开敞空间提供自然景观与舒适的室外就餐环境，是上班族最为需要的功能，即上文所提到的餐饮会谈功能。上班族在工作闲暇之余多来到广场放松小憩，此空间也为青年群体提供就餐区、等候区。

此空间中主要设置观赏性较强的植物、桌椅、遮阳伞等设施。植物在对空间进行半围合的同时，也通过组团增强观赏性，在种类选取上可随季节产生变化，夏日提供树荫且冬日不遮挡阳光。广场设施主要用于就餐与休憩活动，多选取轻便、可移动、可拆卸的变形桌椅，使用者可根据群体的不同人数而随意组合移动。UNIT. City 广场的中小型半开敞空间内，带有绿色土墩的长椅、露天咖啡馆等，在社交空间的设计中特别注重细节，独立设计的栏杆、内置灯、垃圾箱和长凳都为空间增添了活力（如图 9-20 所示）。

图 9-20　乌克兰 UNIT. City 广场的中小型半开敞空间

3. 小型封闭空间

新型的商务性广场在于提供户外会谈、办公的功能。在广场举办非正式会议、团建聚会或商务会谈时，舒适的自然环境可提供新的感受与灵感，也可缓解办公楼内办公空间紧张的问题。

对于会谈、办公功能而言，需要一定私密性，因此设置封闭空间，通过大乔木、移动花箱树池提供围合，且可根据使用人数的变化调整各小空间的尺度。空间设施较为灵活，可变形可移动的桌椅、构筑物等满足使用者或靠或站或坐的需求，同时可结合智能城市家具提供电源、无线网络、照明等。UNIT. City 广场中多个小型的封闭空间各具特色，可进行室外办公、私人会谈、小型讲座等多种活动，使上班族在社交氛围中更好地发展自我、提升自我（如图 9-21 所示）。

图 9-21　乌克兰 UNIT. City 广场的小型封闭空间

三、城市广场空间弹性设计的原则

（一）活动多样性

广场作为城市的公共活动空间，是承载各类市民进行室外活动的开放场地。广场中所展开的活动种类随着使用人群类型的多样而增加，不同人的活动表现也不同，如儿童多为游戏娱乐，中青年为散步交谈，老年人则为健身休憩等。当不同人群同时聚集在广场空间中时，广场的活动多样性则最为凸显。同时，随着"健康中国"战略的提出，与人们对健康逐渐重视起来，空间内广场舞、慢跑、快走、儿童轮滑等运动健身类活动逐渐发展成熟，成为广场活动的主要内容，越来越多的市民主动进入到广场中进行多种休闲活动。再者，随着生活质量的提升，人们对于广场有了更多更新的功能需求，衍生出室外餐饮、小型商谈会议、室外办公、跳蚤市场、露天观影、小型演奏等新型活动，使广场更具趣味性，也更具吸引力。

美国波士顿南部的 D 大道内的临时性草地广场 The Lawn on D，灵活的空间设计为广场带来了活力，建立了一个充满互动性、灵活性、高技术含量与高艺术水平的新式广场，由硬质场地与草坪组合而成的广场汇聚了大量活动与展览。在广场上，既有尺度适中的聚会场所，又有专属丰富活动的小空间，草坪上更是建造了艺术装置、音乐设施、休息设施，是进行活动的最佳场所。无论是年轻人、老年人、游客、居民，还是参加展会的与会者，都对广场充满兴趣。极具远见的活动规划使广场一年四季都热闹非凡，如夏天的艺术节、音乐会、美食节、乒乓球、太阳浴，秋天的啤酒节、编织活动、工艺展、南瓜雕刻，甚至在多雪的冬季也人潮汹涌，为使用者带来了无穷乐趣。

（二）功能叠加性

城市广场多建立在社区、旅游区、商业区或办公区等附近的公共开敞场地，使用人群数量较多、流动性大且人群类型较丰富，在设计时应充分利用空间，保证广场满足不同人群的需求。首先，在广场的规划布局上，结合使用者的活动需求，充分利用空间的功能叠加性，在空间中建造布局合理、活动多样、功能齐全的城市广场。其次，在广场设计要素的组织中，应结合广场的环境特征，利用可变化的设计要素赋予空间功能叠加性，针对主要的活动类型与特点，合理进行功能分区，满足空间功能需求。对城市广场的弹性设计而言，满足不断变化的需求是其宗旨。不同的人群基于其自身特点对广场有着不同的使用方式与功能需求，广场应在有限的场地内最大限度满足所有人群的需求及行为活动，使其具有相应的功能叠加性，这也是弹性设计的最终目的。

伦敦 King's Cross 站前广场作为开放性现代广场，既契合自身深厚的历史沉淀，又承担火车站交会处大量的人流中转。广场通过设置树荫座椅、四散的石质座椅、小商店和抬高的树池，提升广场品质与使用舒适度。广场内的灯柱、灯带等照明设施在保证行人安全的同时，也可指引方向。

（三）弹性适应性

广场空间的弹性设计以市民的生理、心理需求为出发点，根据人们需求的变化，空间布局与设计产生相应调整，形成弹性空间。在广场定位中，多根据周边环境确定广场类型，但随着城市规划的不断更新，广场周边环境、主要人群类型与常见活动类型也会发生改变，广场应更新调整自身类型定位，以新的主要功能需求为依据，调整空间的设计、布置。在空间规划设计中，应将使用者的身份带入，通过总结人在使用中的活动规律及心理变化，及时做出调整，以适应满足多功能的需求。弹性适应性可通过设施、底界面或构筑物的可变性设计，满足广场内空间的灵活转换，最大程度发挥城市室外广场的作用，以满足市民的各类需求。

加拿大卡尔加里区域的新 C-Square 通过提供灵活、富有弹性的休闲空间，增加社会活动密集程度。C-Square 作为城市社区的交流通道和集会空间，被轻轨划分为两个部分，一边将现有轻轨基础设施转变为公共领域活力来源，创造场地与火车之间的连接，将现有场地的公共职能转变为向空间注入活力的资产；另一边创建一个连续的平面，将整个场地缝合在一起，转变为一个适合各种户外活动的空间（如图9-22所示）。

图9-22　加拿大卡尔加里城市广场的弹性适应

（四）转换便捷性

城市广场弹性设计研究的重点在于根据功能需求变化做出调整适应，并采用多种弹性变化的方式改变广场内的空间设计布局。这种弹性转换随着使用人群类型、活动行为以及功能需求的变化而随时发生。弹性转换大多是自发性的，是市民根据自身生理与心理的需求所选择的，在广场的弹性设计中，对于这种变化与转换的设计应以转换便捷性为原则。在转换中，无论是儿童、老人，还是青年，都可依靠自身能力完成。无论是基于安全、轻便、益智、简洁中一方面或多方面的考虑，都首先应保证转换的便捷性，也就是转换的可行性，这样广场的弹性设计才具有意义。

在实际的广场设计中，变化与转换多发生在设施上，通过材料的选取、零构件的设置、结构的设计等来体现。西班牙马德里孔德·杜克文化中心广场中的组合家具通过"全球专利制砖机"挤压制造砖的方式，使家具在搬移、抬升时变化出不同的组合方式；波兰城市广场中的活动座椅采用木质材料，底部配有滑轮，可通过推动形成露天剧场，或是剧场观众厅的阶梯式落座；法国的Jeanne d'Arc广场内，一组灵活的长椅结合巨大的滚轮，使长椅在旋转中可以与朋友围成一圈面对面交流，也可隔离周围的陌生人。

（五）参与互动性

广场的弹性设计研究主要为解决空间功能的变化，满足不同的活动类型，应使广场中有效的空间尽可能提供更多的活动类型与活动场地，满足广场弹性的互动性与可参与性。为打造弹性的动态景观，应充分了解活动规律，利用铺装、植物、设施等设计要素的可变性，使空间的形态、功能、布局产生利于空间与使用者的心理影响，增强使用者与功能空间的互动，提高广场的活力与利用率。同时，使用者可参与广场的设计，并在使用后及时反馈，从而不断完善、优化空间的设计与使用。

万科·天荟展示区在设计中试图让周边更多的市民参与其中，小尺度的互动空间、休闲功能的便捷场所、花园、座椅等公共元素皆被融入其中。小型舞台式的活动区域、活泼的装置艺术墙配合木质平台，以及地面上的喷泉，将该空间塑造成为使用频率最高的中心区域。具有趣味装置艺术品的空间成为小朋友的玩乐中心，木质平台既是休闲空间，又是舞台空间，喷泉和舞台的互动装置可以让游玩者参与其中且尽情玩耍。在白天，这里是商务办公人群的放松空间、午休的口袋花园，晚上又成为周边居民轻松开放的社区活动广场（如图9-23所示）。

图9-23　成都万科·天荟内具有吸引力地参与互动性空间

四、广场空间的弹性设计方法

（一）生活性广场空间的弹性设计方法

生活性广场的几种主要功能以及空间场地特征都已阐明，每个空间场地由于主要的功能需求不同，对设计要素的需求也有所不同，且空间设计要素的布置设计可随功能的变化而相应调整。可通过图示明确空间特征、功能需求与设计要素之间的对应关系，从而得出不同空间内设计要素常出现的调整变化方式（见表9-4）。

表9-4 生活性广场空间类型及设计要素表

要素 空间	设施	植物	地形、铺装	构筑物	其他
中大型 开敞空间	设施自由移动	自身可随季节改变而变换颜色、形态	通过网络控制升降、旋转等机械变化	构筑物自由拆卸变形	数控的灯光照明、喷泉、音乐
中小型 半开敞空间	设施的自由移动、简易变形、拆卸组合	植物的自身生长变化、自由移动	运用弹性材质、铺装的拆拼	/	可收纳的休闲娱乐
小型 封闭空间	设施的自由移动与组合	植物的移动、堆叠与不同品种带来的围合感差异	/	/	/

（二）旅游性广场空间的弹性设计方法

旅游性广场在功能上具有其专属的特点，相应空间设计要素的特征也较为明显。通过对旅游性广场内不同空间的功能需求与对应设计要素的分析，在探讨不同功能需求下空间内设计要素的分布，可得出相应空间内设计要素调整变化的常见形式（见表9-5）。

表9-5 旅游性广场空间类型及设计要素表

要素 空间	设施	植物	地形、铺装	构筑物	其他
大型开敞空间	设施自由移动	具有标志性的植物	整体平坦，也可机械升降	可拆卸组装	可控的灯光照明、音乐
中小型 半开敞空间	设施自由移动、组合	植物随季节的变化可自由移动	/	可自由移动、变形	可控的灯光照明、音乐

（三）商业性广场空间的弹性设计方法

商业性广场在功能的弹性需求上与旅游性广场有着相似之处，对于整个广场的设计应考虑购物、日常休闲与节日活动三种模式下的空间功能，通过借助设计要素中可移动、可控制的水晶雕塑，可机械抬升、灵活引导的铺装，自由拆卸、组装的构筑物，以及自由移动、变形的设施等多种弹性变化方式，完成场地内不同类型空间的弹性设计。

商业性广场内的两类空间承担了三种主要功能需求，在相应空间内，设计要素有着不同的调整变化方式（见表9-6）。

表9-6　商业性广场空间类型及设计要素表

空间＼要素	设施	植物	地形、铺装	构筑物	其他
中大型开敞空间	自由拆卸组装	/	机械抬升、变换引导	自由移动、变形	可移动、控制开关的中心景观
中小型半开敞空间	设施自由移动、变形	/	/	/	可控的灯光照明、音乐

（四）商务性广场空间的弹性设计方法

商务性广场内的通行集散功能、散步娱乐功能、停车功能、办公及市民活动功能分别体现在中大型开敞空间与中小型封闭空间内。商务性广场通过可自由移动的广场设施、绿化种植池，可通行调整引导的铺装，及可控制的音乐、灯光等设计要素，满足上班族对广场在不同模式下的多功能需求（见表9-7）。

表9-7　商务性广场空间类型及设计要素表

空间＼要素	设施	植物	地形、铺装	构筑物	其他
中大型开敞空间	/	自由移动	可变换调整引导方向	/	可移动、控制开关的中心景观，可控的灯光照明
中小型封闭空间	设施自由移动、组合	自由移动、堆叠	/	/	可控的灯光照明

对城市广场空间弹性设计的功能、空间、原则和具体方法进行研究，从弹性设计的角度出发，将广场分为生活性、旅游性、商业性、商务性四种不同类型，各类广场具有不同的主要功能，同时从空间类型上看，各广场也具有不同的空间类型。其设计原则从广场弹

性设计的功能需求和空间形态的特点出发分为活动多样性、功能叠加性、弹性适应性、转换便捷性和参与互动性。由原则指导的弹性设计具体方法则需从功能需求转换、空间布置调整综合考虑，主要体现为设施、植物、铺装、构筑物及其他设计要素的弹性变化。

对广场空间弹性设计原则和方法的提出，其目的是通过分析各类型城市广场空间具有的弹性需求及空间内设计要素的弹性特征，明确以何种设计方法能够创造出具有弹性的城市广场空间，以便在今后的广场弹性设计中有针对性地加以应用。除了理论性的分析，弹性设计的关键还在于结合具体案例中的广场类型、功能需求、空间特征等客观因素以及后期动态调整等主观因素。

后　记

时光荏苒，转眼间，本书的撰写工作已经接近尾声，此刻内心万分不舍。因为在撰写过程中，是笔者本人灵魂深处的一次对话，更是对城市道路、景观、广场发展研究事业的一份思考。数月来的心血与努力在这一刻终于得以完成，倍感欣慰。同时，这本书的完成得益于在撰写过程中得到了家人与其他研究者的支持，在此表示感谢。

作为一名从事道路景观、城市广场相关的设计人员，有幸参与了一些城市的地标性广场、景观带、商业街的设计工作，将学术研究和实际工作相结合，很好地将理论联系实际。换言之，在学术上，本书有一定深度，在实践中也有很好的建树，能够为其他专业人员提供不错的学习素材和创作灵感。

今天，本书的出版无疑对城市道路景观、城市广场起到了添砖加瓦的小小作用。虽然本书在内容与观点等方面可能存在一些问题，但相信它能起到抛砖引玉的功效，能够开阔读者的眼界和激发学者争鸣的兴趣。

此外，在撰写本书过程中，笔者得到了家人与同事的支持与鼓励，这是一笔宝贵的财富，更为笔者增添了无穷的动力，促使笔者一定要竭尽全力完成撰写工作，终于，功夫不负有心人，在历经了数月的走访与调研后，笔者精心写作完成了本书，借鉴了许多专家、学者的研究成果和观点，在此表示诚挚的谢意。另外，由于时间、精力和水平有限，书中难免有不妥之处，敬请读者谅解并批评指正。

参 考 文 献

［1］李磊.城市发展背景下的城市道路景观研究——以北京二环路为例［M］.北京:人民交通出版社股份有限公司,2021:6.

［2］金兆森,陆伟刚,李晓琴.村镇规划［M］.南京:南京大学出版社 2019:6.

［3］李科.城市广场景观设计［M］.沈阳:辽宁美术出版社,2019:12.

［4］曾筱.城市美学与环境景观设计［M］.北京:新华出版社,2019:1.

［5］谷康.城市道路绿地地域性景观规划设计［M］.南京:南京东南大学出版社,2018:12.

［6］刘滨谊.现代景观规划设计［M］.南京:南京东南大学出版社,2017:11.

［7］荆其敏,荆宇辰,张丽安.城市场所空间的认知与设计［M］.南京:南京东南大学出版社,2016:6.

［8］张大为.景观设计［M］.北京:人民邮电出版社,2016:6.

［9］文增.城市广场设计［M］.沈阳:辽宁美术出版社,2014:5.

［10］胡长龙.道路景观规划与设计［M］.北京:机械工业出版社,2012:8.

［11］张振国,李雪丽,张文忠.城市绿色空间质量优化管理研究——基于居民幸福感视角［J］.山东社会科学,2021(06).

［12］林磊.凤泉广场城市广场的环境艺术设计［J］.建筑学报,2021(06).

［13］刘昱,乔梁,崔鸣,等.城市河道景观规划设计方法探析［J］.南方农业,2021(12).

［14］张金光,余兆武,赵兵.城市绿地促进人群健康的作用途径:理论框架与实践启示［J］.景观设计学,2020(04).

［15］郭蕾.历雨迎锋:国军抗战纪念碑考［J］.抗日战争研究,2020(04).

［16］季刚.城市道路改造项目规划设计方案要点分析［J］.工程建设与设计,2020(24).

［17］刘婷婷.城市文化主题公园景观设计研究［J］.居舍,2020(27).

［18］李芳.城市道路绿化养护管理存在问题及对策——以太原市为例［J］.宁夏农林科技,2019(05).

［19］邱毅敏.风景园林景观设计中乡土元素的应用探究［J］.现代园艺,2019(10).

［20］汪建丁.城市文化主题公园景观设计的要点分析［J］.四川水泥,2019(04).

［21］徐飞,魏景丽,刘颖慧.公路与城市道路融合发展模式研究[J].交通工程,2019(02).

［22］朴希桐,李婷婷,聂俊坤.城市湿地生态规划方略研究[J].中国水利,2019(13).

［23］刘然.草本花卉在城市园林景观中的应用及选配[J].现代园艺,2019(20).

［24］袁杰.城市道路改造设计实践思考[J].工程建设与设计,2018(23).

［25］马旭,李峥.道路景观的绿化设计策略——以商丘市高铁新城片区十一条道路为例
[J].江西农业,2018(14).

［26］张灿.城镇过境公路市政化改造设计探讨[J].公路与汽运,2018(04).

［27］刘艳姣.中国传统文化元素在现代园林景观设计中的应用[J].西部皮革,2018(20).

［28］张红云.城市广场景观照明设计探讨[J].建材与装饰,2017(03).

［29］黄昕珮,李琳.不同视角下的文化景观概念及范畴辨析[J].风景园林,2017(03).

［30］刘堂.论北方城市道路景观与海绵城市的创新[J].中国园艺文摘,2017(03).

［31］许萍.浅析沈阳商业的起源及发展[J].兰台世界,2016(23).

［32］顾春焕.农业园区规划思路与方法研究[J].北京农业,2016.

［33］李小芹,胡敏.城市道路景观分析研究[J].城市建筑,2014(06).

［34］孙璐,丁爱民,钱军,等.基于 VISSIM 仿真模拟的道路改造方案评价[J].公路交通科
技,2012(06).

［35］张士凯.长春特色商业街外部空间活力塑造研究[D].长春:吉林建筑大学,2019.

［36］李云飞.西安市高新区道路绿化设计研究[D].西安:西安建筑科技大学,2016.